新时代气象防灾减灾科普丛书

青少年气象灾害防御手册

中国气象局◎编著

气象出版社
China Meteorological Press

图书在版编目（ＣＩＰ）数据

青少年气象灾害防御手册 ／ 中国气象局编著. --北
京：气象出版社，2022.8（2024.10重印）
（新时代气象防灾减灾科普丛书）
ISBN 978-7-5029-7796-2

Ⅰ.①青… Ⅱ.①中… Ⅲ.①气象灾害－灾害防治－
青少年读物 Ⅳ.①P429-49

中国版本图书馆CIP数据核字(2022)第157620号

青少年气象灾害防御手册
Qingshaonian Qixiang Zaihai Fangyu Shouce

出版发行：气象出版社

地　　址：北京市海淀区中关村南大街 46 号　　　**邮政编码**：100081

电　　话：010-68407112（总编室）　　010-68408042（发行部）

网　　址：http://www.qxcbs.com　　　**E-mail**：qxcbs@cma.gov.cn

责任编辑：邵　华　　　　　　　　　　**终　　审**：吴晓鹏

责任校对：张硕杰　　　　　　　　　　**责任技编**：赵相宁

设　　计：北京追韵文化发展有限公司

印　　刷：北京地大彩印有限公司

开　　本：710 mm×1000 mm　 1/16　　　**印　　张**：11.75

字　　数：120 千字

版　　次：2022 年 8 月第 1 版　　　　　**印　　次**：2024 年 10 月第 2 次印刷

定　　价：48.00 元

本书如存在文字不清、漏印以及缺页、倒页、脱页等，请与本社发行部联系调换

丛书序

　　天气是影响人类活动的重要因素。变幻莫测的气象风云，在让我们赖以生存的环境变得多姿多彩的同时，也给人类带来诸多挑战——气象灾害及其衍生灾害与我们如影随形。暴雨、台风、干旱、高温、沙尘暴、大雾、霾等气象灾害时有发生，由此引发的次生灾害，如中小河流洪水、城市内涝、山洪、地质灾害，以及病虫害、森林和草原火灾等灾害，也如悬顶之剑，不时威胁着我们的安全和发展。

　　我国是世界上受气象灾害影响最为严重的国家之一，灾害种类多、分布地域广、发生频率高、造成损失重，树立安全发展理念，防范化解重大风险，统筹发展与安全，必须建立科学高效的气象灾害防治体系，提高全社会的综合防灾减灾能力。多年来，气象工作者始终秉持服务国家、服务人民，深入贯彻落实习近平总书记关于防灾减灾救灾和气象工作重要指示精神，坚持人民至上、生命至上，全力筑牢气象防灾减灾第一道防线，在保障生命安全、生产发展、生活富裕、生态良好方面作出了积极贡献。此次编辑出版的《新时代气象防灾减灾科普丛书》，贴合不同重点人群需求分为三册：《领导干部气象灾害防御手册》《农民气象灾害防御手册》《青少年气象灾害防御手册》，旨在进一步提升气象防灾减灾知识普及的科学性、针对性和实用性，提高全社会气象防灾减灾意识和能力。

丛书内容以"灾害来了怎么辨、怎么办"为核心问题，聚焦10余种主要气象灾害，力争打造即拿即用的气象防灾减灾速查指南。《领导干部气象灾害防御手册》重点普及气象灾害类型，致灾原理，预警信号、防范措施和应急预案，旨在帮助领导干部、防灾减灾应急责任人员了解气象灾害特点、影响、预警信息及防御措施，提高科学防范气象灾害的决策能力。《农民气象灾害防御手册》重点介绍常见典型农业气象灾害及其防御措施，提升农民防范气象灾害、主动趋利避害和"看天种地"的能力。《青少年气象灾害防御手册》让青少年通过认识天气现象和灾害性天气，了解其背后的科学知识，激发科学探索兴趣的同时，增强防范气象灾害的意识和能力。

"明者远见于未萌，智者避危于无形"。希望本套丛书可以成为读者朋友的手边书，成为您身边常备的防灾减灾的锦囊集。

中国气象局局长：

2022 年 5 月

目 录

旋转的台风

　　说起台风，沿海的青少年朋友一定不陌生——台风来了，"黑云压城城欲摧"。不但如此，台风还带来狂风骤雨，让人心惊。但是，内陆的同学们就不一定能想象出那种场景了……那就让我们一起感受一下台风的威力吧！

🌀 台风的"出生""成长"和消亡

　　台风是热带气旋的一个级别。热带气旋是发生在热带或副热带洋面上的气旋环流。按照它们的"武力值"，也就是它们强度的大小（底层中心附近最大平均风力或风速），我国把"出生"在西北太平洋和南海的热带气旋分为 6 个等级，其中风力为 12 级或以上的，统称为台风。

　　西北太平洋、东北太平洋、北大西洋、孟加拉湾、阿拉伯海、西南太平洋、南印度洋西部和南印度洋东部，这 8 个海域是热带气旋的"出生地"。

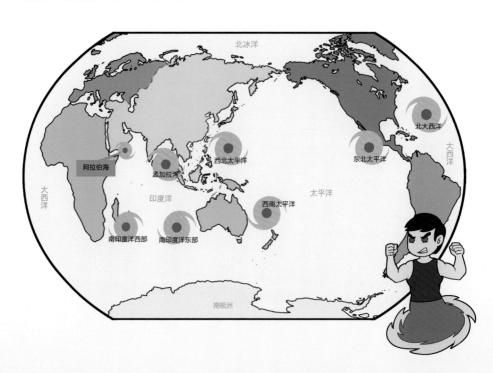

热带气旋 等级名称	热带低压 （TD）	热带风暴 （TS）	强热带风暴 （STS）	台风 （TY）	强台风 （STY）	超强台风 （SuperTY）
底层中心附近最大 平均风速（米/秒）	10.8~17.1	17.2~24.4	24.5~32.6	32.7~41.4	41.5~50.9	≥51.0
底层中心附近最大 风力（级）	6~7	8~9	10~11	12~13	14~15	16及以上

热带气旋等级划分示意图

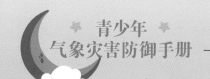
这些地方的海面宽广温暖，在大气扰动的触发下，大量潮湿温暖的空气开始上升，并在上升过程中逐渐冷却凝结成小水滴，其释放的热量进一步驱动上升气流形成云，云层高度不断增加，同时海面形成低压中心。来自海洋的潮湿温暖的空气源源不断地汇入低压中心，云团的范围不断扩大，上升运动也更加剧烈。

在地转偏向力的作用下，汇入的气流开始逆时针旋转。随着离心力越来越大，就像洗衣机的涡旋一样，中间慢慢形成了一个洞。这样，热带气旋——台风的"胚胎"就"诞生"啦！

台风"小时候"的威力并不大，但是它"长"得太快了，从最初的低压环流到底层中心附近最大平均风力达8级，一般需要两天左右，慢的也才三四天，快的只要几个小时。在台风"成长"的这段时间，它像个饿极了的孩子一样不断吸收能量，直到中心气压达到最低值，风速达到最大值。"成年"的台风具有强大的威力，常带来狂风、暴雨和风暴潮，给我国沿海地区造成严重灾害。而台风登陆后，受到地面摩擦和能量供应不足的共同影响，会迅速减弱直到消亡。

台风的模样

如果我们站在台风的上面看它，会觉得它像洗衣机洗衣服产生的涡旋一样。其实，它是一个深厚的低气压系统，中心气压很低，低层气流从四周向中心流动，顶部气流从中心向四周流动。如果从垂直方向把台风切开，就可以看到 3 个明显不同的区域，从中心向外依次为：台风眼区、台风眼壁区、螺旋雨带区。

台风眼区因为有下沉气流，风力很小，天气晴朗，简直就是台风中的"世外桃源"。

台风眼壁区，又叫云墙区，它由大量潮湿空气上升形成的积雨云组成，就像一圈高耸的环形墙壁环绕着台风眼，那里狂风呼啸、暴雨如注、海水翻腾，天气最为恶劣。

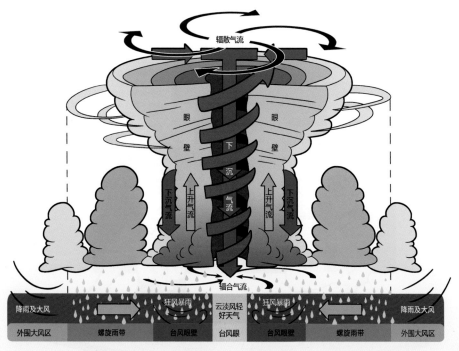

台风结构示意图

螺旋雨带区在台风的最外围，它的大小决定了整个台风的"胖瘦"，一般宽度在几十千米甚至上百千米。这里有几条雨（云）带呈螺旋状向眼壁区流动，螺旋雨带里也是狂风暴雨，带与带之间则天气较为平静。

谁给台风起的名字

"玉兔""灿都""苏迪罗""烟花"……你是否觉得这些名字挺熟悉？这都是近几年影响我国的台风的名字。可是台风并不是一开始被人类发现就有名字的，人们对台风的命名始于 20 世纪初，到现在也不过 120 多年的历史。

后来由14个成员（柬埔寨、中国、朝鲜、中国香港、日本、老挝、中国澳门、马来西亚、密克罗尼西亚、菲律宾、韩国、泰国、美国以及越南）组成的世界气象组织台风委员会成立了。这个委员会也负责给台风起名字：委员会事先制定一个命名表，由每个会员各推荐10个名字，一共140个，从2000年1月1日起，按顺序年复一年地循环使用。

这140个台风的名字可不是随便起的。台风名字的首要选用标准就是要"温柔"，因为台风委员会希望借此能让台风们别太"暴力"。此外，还有一条规定：一旦某个台风对人类的生命财产造成了特别大的损失，这个名字就会被永久删除，空缺的名称则由原提供的成员重新推荐。

台风愿意到哪儿"散步"

如果你觉得台风可以到处乱逛，那就错了，它也不是哪儿都会去的。

影响我们国家的主要是西北太平洋热带气旋，它的主要行进路线有三条：

西行路径：从源地（指菲律宾以东洋面）一直向偏西方向移动，这一路往往在广东、海南一带登陆。

西北路径：从源地一直向西北方向移动，这一路大多在台湾、福建、浙江一带沿海登陆。

转向路径：从源地向西北方向移动，当靠近我国东部近海时，转向东北方向移动。

当然也有不走寻常路的热带气旋。当西北太平洋大气环流比较复杂或者发生突变的时候，热带气旋开始晃晃悠悠"走歪路"。常见的异常路径有：南海台风想当个"北漂族"，突然北上；也有的走出"六亲不认"的步伐，呈蛇形摆动路径；还有结伴同行，来个双台风互旋等。看来，台风也是任性的娃啊！

怎么迎战台风

台风从海上来，一路掀起滔天巨浪，给过往船只造成巨大威胁，它登陆时带来的强风劲雨更是让人胆战心惊。虽然人类在台风面前显得如此柔弱，但是只要应对正确，我们也能尽量减少损失，保护好自己。

首先让我们先认识一下台风预警信号，看看达到什么标准，气象台会发布台风预警。

台风蓝色预警信号

标准:24小时内可能或者已经受热带气旋影响,沿海或者陆地平均风力达6级以上,或者阵风8级以上并可能持续。

台风黄色预警信号

标准:24小时内可能或者已经受热带气旋影响,沿海或者陆地平均风力达8级以上,或者阵风10级以上并可能持续。

台风橙色预警信号

标准:12小时内可能或者已经受热带气旋影响,沿海或者陆地平均风力达10级以上,或者阵风12级以上并可能持续。

台风红色预警信号

标准:6小时内可能或者已经受热带气旋影响,沿海或者陆地平均风力达12级以上,或者阵风14级以上并可能持续。

当天气预报提醒台风即将登陆时,我们要怎么做呢?

首先,当然是尽量不要外出!人类强大的是智慧,别跟台风比"体力"!

台风天气,尽量不要外出!

如果当时就在室外，那一定要远离临时搭建物、广告牌、铁塔、大树等，更不要在那附近躲避风雨，风雨摧残下它们本身就够危险的，不仅保护不了我们，还有可能伤到我们。

台风过境会伴有雷电现象，千万不要在山顶等高地停留。要是坐在汽车里，要告诉驾驶员立即将车开到地下停车场或隐蔽处，那里相对安全。

在外游玩，如果打算野餐，那赶紧停止吧！立刻收起帐篷，找寻附近坚固结实的房屋，跑进去等待台风过去。如果在船上或者正在游泳，赶紧上岸别贪玩。

台风来了，要快点上岸。

呼呼呼，总算贴好了。

如果已经在安全的房屋里，我们也要小心窗户，把它关好的同时可以用胶布在窗玻璃上贴"米"字形，这样可以防止窗户玻璃破碎伤人。

来点正能量

没想到吧？台风虽然有个狂暴的性子，但它也有友善的表现，并不是一无是处的"坏家伙"哦！

它是人类淡水的"搬运工"。台风可以带来丰富的降水，经计算，一个成熟的台风在一天内所下的雨，大约相当于 200 亿吨水。你看看，台风可以缓解旱情，保障不少地区的淡水供应和生态环境呢。

·提供了丰富的淡水降水

它是保持地球热量平衡的"小飞侠"。台风由于水汽凝结而释放巨大的热量，把巨大的能量馈赠给陆地，地球大气也得以"吞吐呼吸"。如果没有台风，大气能量交换在一定程度上就要受到影响，热带地区的热量不能驱散，而将变得更热，地表荒漠化将更加严重；寒带地区将会更冷，温带也有

·使地球保持热量平衡

可能会消失。听起来是不是有点可怕?

它是帮助增加捕鱼产量的"高手"。得知台风即将来临,接到台风预警的渔民们会早早将渔船开进港口避风,可他们却并不特别讨厌台风,因为台风虽然"脾气不好",但它翻江倒海的一通操作,也会将大海底部的

·增加捕鱼产量

营养物质卷上来,鱼饵增多,鱼群就会游到水面吃食,捕鱼的产量自然也会上升。

它是消暑降温的"神器"。在酷暑难耐的日子里,台风的到来总会带来一丝或多或少的凉爽,从某种程度上也可以让忍受炎热的人们舒服上几天。

台风到来不用慌,请扫二维码观看台风应急避险小贴士:

别小看暴雨

提起雨你会想到什么？是套上雨靴、打着伞或者穿着雨衣踩水坑，还是坐在窗边静静地看雨滴敲打万物，听它演奏的"叮咚圆舞曲"？万事都要有度，这雨要是下得太大了就麻烦了，要知道，有种气象灾害就叫"暴雨"。

下多大的雨才叫暴雨

气象学上判断一场雨是不是暴雨，跟我们的直观感受还是有区别的。比如，一场雨哗哗哗下了几分钟可能也就是中雨，但是淅淅沥沥下了一整天却有可能是暴雨。气象学上判断一场雨是不是暴雨，主要看 24 小时的降水量。

暴雨是指短时间内产生较强降雨（24 小时降雨量 ≥ 50 毫米）的天气现象。

在日常天气预报中，我们经常听到说下了多少毫米的雨。那么 1 毫米的降雨到底有多少呢？1 毫米的降水量，表示在没有蒸发、流失、渗透的平面上，积累了 1 毫米深的水。就 1 平方米的玻璃来说，1 毫米的降水量相当于在上面倒了 1 升的水，也就是有两瓶日常喝的 500 毫升纯净水那么多。

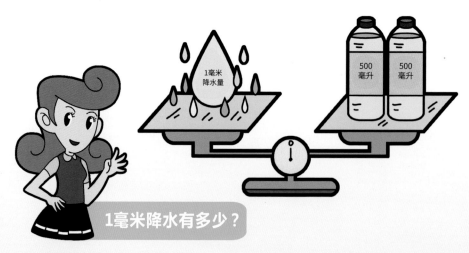

1毫米降水有多少？

那么暴雨又是什么概念呢？24 小时降雨量 ≥ 50 毫米，相当于一天一夜在 1 平方米的地方至少倒下了 100 瓶 500 毫升的水——这雨确实够"暴"！

我国在气象上对暴雨等级进行了划定，分为暴雨、大暴雨和特大暴雨。

日降水量　　50.0~99.9毫米为暴雨　　100.0~249.9毫米为大暴雨　　≥250毫米为特大暴雨

这么多的雨水从哪里来

看着不断降下的雨，不知你是不是会觉得奇怪——天上怎么会"变"出这么多的水呢？

暴雨的形成，所需要的主要物理条件有三个，一是充足且源源不断的水汽，二是强盛而持久的气流上升运动，三是大气层结的不稳定。源源不断的水汽和强盛而持久的气流上升运动都好理解，那么大气层结又是什么呢？大气温度和湿度在垂直方向上的分布叫大气层结。处于平衡态的大气，有些空气团受到动力作用或者热力作用的扰动，会导致大气产生向上或向下的垂直运动，我们就称之为大气层结不稳定。对于天上的积雨云来说，就比一般的云水汽更丰沛，大气层结也更加不稳定，上下对流更旺盛，是产生暴雨的主要云系。

是谁为我国暴雨提供了源源不断的水汽呢？

它们一部分来自偏南方向的南海和孟加拉湾，还有一部分来自西太平洋。另外，黄河、长江、洞庭湖、鄱阳湖等江河和湖泊也是水汽源地之一。

江河湖海的大量水汽又是被什么"魔法之手"带到空中成云致雨的？

聪明的你肯定知道这里边有太阳的功劳。强烈的阳光照射水面，水受热蒸发，变成了轻飘飘的水汽。水汽飘呀飘，进入了低层大气，让低层大气也增加了热量膨胀起来，像个饱含水汽且吹鼓了的气球，蓝天上又多了一朵未来可能会降水的云。

另外两个原因，一个跟锋面有关，一个与山有关。

空气中有冷气团和暖气团，当它们相遇的时候，就会形成锋面，就像一个看不见的"楼梯"。跟冷气团比起来，暖气团更轻，于是又暖又轻的暖气团"踩着"冷气团沿着和它之间的这个"楼梯"往上升，一团接一团，形成了浓厚的云层，从而成云致雨。

还有的地方水汽非常充足，那里的暖湿气流不会总待在一个地方，而是会不断水平移动。当它们行进的前方出现山脉、丘陵或者高原的时候，暖湿气流当然不甘心被阻挡，就会沿着山坡努力向上"爬"。山上的气温相对比较低，暖湿气流遇冷，雨水就降下来啦。

咱们国家哪里容易下暴雨

暴雨也有偏爱的地方。我国年平均暴雨日数分布东南最多，越往西北就越少。比如，淮河流域及其以南地区以及四川东部、重庆东北部、贵州南部、云南南部等地年平均暴雨日数普遍都在3天以上，其中华南大部及江西东北部、安徽南部等地达5～9天，华南沿海局部地区超过9天；而黄河下游、海河流域、辽河流域以及西南地区东部等地一般为1～3天；在西部地区，就是偶尔才有暴雨发生了。看看你家在哪里，是不是被暴雨"喜欢"上的地方呢？

暴雨引发的灾害可不只是"看海"那么简单

暴雨哗哗下，地面积成河，这种情况如果发生在某个市区，就会被人戏称为"在城市看海"。可是你知道吗，我国历史上有一种气象次生灾害几乎都是暴雨引起的，而且绝对不能轻视它，这就是"洪涝"！大雨、暴雨或者持续性的降雨，使得低洼地区积水严重甚至被淹没，这时候"洪涝"就出现了。

洪涝灾害包括洪水灾害和雨涝灾害两类。

洪水灾害：是指由于强降雨、冰雪融化、冰凌、堤坝溃决、风暴潮等原因引起的江河湖泊及沿海水量增加、水位上涨而泛滥以及山洪暴发所造成的灾害。洪水灾害严重危害农业、林业和渔业。

雨涝灾害：由于大雨、暴雨或长期降雨量过于集中而产生大量的积水和径流，排水不及时，致使土地、房屋等渍水、受淹而造成的灾害称为雨涝灾害。又大又急的暴雨瞬间填满土地的孔隙，陆生植物的根因为缺氧无法正常"工作"，所以一场暴雨很可能就让农作物受害、减产；强降雨还会破坏工农业基础设施，造成人员伤亡和经济损失。

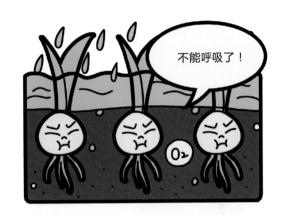

生活在城市中也会受到暴雨威胁，城市的排水能力是有限的，降水量过大的暴雨会造成城市内涝，严重影响交通运输、工业生产、商业活动和市民的正常生活。

事实上，由于洪水灾害和雨涝灾害往往同时或连续发生在同一地区，有时候难以界定，因此统称为洪涝灾害。

只要有安全意识，就不怕暴雨洪涝

因为有了天气预报，我们可以在暴雨来临前做好准备，有效防范暴雨洪涝带来的伤害。

首先让我们先认识一下暴雨预警信号，看看达到什么标准，气象台会发布暴雨预警。

暴雨蓝色预警信号

标准:12小时内降雨量将达50毫米以上,或已达50毫米以上且降雨可能持续。

暴雨黄色预警信号

标准:6小时内降雨量将达50毫米以上,或已达50毫米以上且降雨可能持续。

暴雨橙色预警信号

标准:3小时内降雨量将达50毫米以上,或已达50毫米以上且降雨可能持续。

暴雨红色预警信号

标准:3小时内降雨量将达100毫米以上,或已达100毫米以上且降雨可能持续。

暴雨来临前,大家都会根据预警信息进行积极防御。你可以观察一下,暴雨来临前人们都在做什么,这么做又是为什么呢?

把待在危旧房屋或地势低洼地区的群众及时转移到安全地带。

露天集体活动应及时取消,并做好人员疏散工作。

在室内，要检查电路、炉火等设施，最好关闭电源总开关。

当积水漫入室内时，立即切断电源，防止积水带电伤人。

提前收取露天晾晒物品，收拾家中贵重的东西放到高处。

在室外的人们立即停止田间农事活动、户外作业和户外活动。

在这里要特别提醒大家注意：如果你住的是平房，雨季到来前，一定要好好检查一下房屋，免得暴雨到来的时候屋顶漏水，同时可以根据情况在家门口放上挡水板和沙袋等；平时千万不要把垃圾及其他物品丢到马路的下水道里，要知道，暴雨如果来了，它们可是防止积水成灾、保护我们不被淹的重要设施；雨季尽量不要去山区旅游，暴雨导致的山洪可不是闹着玩儿的，如果在山区游玩的时候发现上游来水突然变得浑浊，水位上涨很快，一定要提高警惕，赶紧撤离。

当暴雨已经下了，而且还引发了洪水，那该怎么办呢？关闭电源、煤气，赶紧爬上屋顶、楼顶或者大树等高处暂避。设法尽快与当地政府防汛部门取得联系，报告自己的方位和险情，耐心等救援人员到来。注意不能攀爬带电的电线杆、铁塔，也不能爬到泥坯房的屋顶躲避，因为它们很脆弱，保护不了你。

就算你会游泳也不要游泳逃生，洪水的凶猛可不是游泳池的水能比的。

当暴雨下在城市里，并且引发了城市内涝，该怎么办呢？

暴雨天尽量别出门。趟过积水的时候一定要小心，注意观察，防止跌进敞开的下水道口或者地坑。

不要在下大雨时骑自行车；下雨天司机的视线都会受到影响，所以过马路要更加小心。

发现高压线铁塔倾斜或者电线断头下垂时，一定要迅速躲得越远越好。

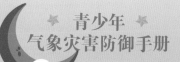
提醒家长暴雨天开车，遇到路面或立交桥下积水过深时尽量绕行；万一汽车在低洼处熄火，不要留在车上联系救援，一定要下车到高处联系、等待。

内涝过后，要配合做好各项卫生防疫工作，预防疫病的流行。

还有一点，青少年朋友们可以平时多学一些洪水来袭时的自救方法，比如利用泡沫塑料或者空的饮料瓶等能够漂浮的材料制作一些救生用具，有备无患，才能在关键时候确保安全！

 来点正能量

暴雨啊，只要你别过分，还是"好孩子"。

多了发愁，少了不行，说的就是"暴雨"。只要适量，暴雨对人类还是很有利的。有一句成语叫"久旱逢甘霖"，就是形容一场酣畅淋漓的暴雨可以有效缓解旱情，给人们带来甜美的喜悦。我国有的地方，一两场暴雨就是全年的降水量，可以说暴雨决定了当年是否是个丰收年。

南方夏季 7 月中旬到 8 月中旬的伏旱期间，也全靠暴雨缓解旱情。

而且，许多为城市提供用水的水库也都"盼望"着暴雨给它们带来充足的"补给"。总之，在最恰当的时间、最需要的地点下一场最合适的暴雨，那也算是一个美好的相遇！

暴雨来临怎么办，请扫二维码观看暴雨应急避险小贴士：

⼾ 大风的力量

看不见摸不到，但我们都能感知它的存在，这种自然现象是什么呢？如果说答案是"风"，相信没人会反对吧？空气的流动产生了风，气象上，风是指空气相对于地面的水平运动，风不仅有大小，还有方向，因此，说起风来，我们通常用风速（或风力）和风向来表示。

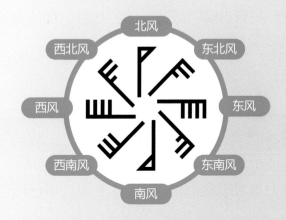

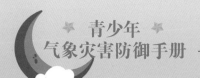
什么样的风才配叫"大风"

风有时候是很温柔的，轻轻地拂过我们的发梢；有时候又是粗暴的，吹折了树枝，让我们寸步难行。风向会告诉我们风是从北、东北、东、东南、南、西南、西、西北这8个方向里的哪个方向吹来的。而风力等级则用来表示风速的大小，是根据标准气象观测场10米高度的风速大小来划分的。风力的大小分为18个等级，最小是0级，最大为17级。看看风力等级表，它在告诉我们风的力量。

看到没？只有当瞬时风速≥17.2米/秒，即风力达到8级以上的风才被称作"大风"。

是谁"创造"了大风

通过风力等级表我们可以看到，8级大风已经可以"挥舞"着树枝、卷起高高的浪头了。8级以上的大风则越来越令人心惊，足以致灾成灾。天气系统中的气旋、冷空气、雷暴、飑线、龙卷等的活动是我国产生灾害性大风的原因。

气旋

大气不是看上去那样平静，就像江河大川里的水流不断变化，有激流、有漩涡……大气中也有各种大型的旋涡在不停地运

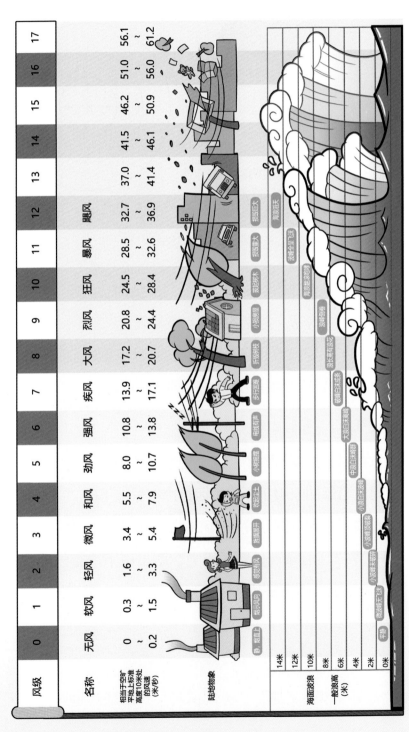

风级	0	1	2	3	4	5	6	7	8	9	10	11	12	13	14	15	16	17
名称	无风	软风	轻风	微风	和风	劲风	强风	疾风	大风	烈风	狂风	暴风	飓风					
相当于空旷平地上标准高度10米处的风速（米/秒）	0~0.2	0.3~1.5	1.6~3.3	3.4~5.4	5.5~7.9	8.0~10.7	10.8~13.8	13.9~17.1	17.2~20.7	20.8~24.4	24.5~28.4	28.5~32.6	32.7~36.9	37.0~41.4	41.5~46.1	46.2~50.9	51.0~56.0	56.1~61.2

风力等级表示意图

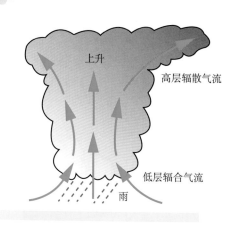

气旋中气流的垂直运动示意图

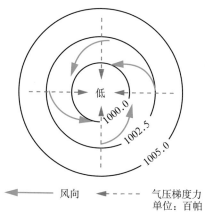

北半球气旋低层水平运动示意图

动，我们管大气中四周气压高、中心气压低的旋涡叫"气旋"。
而气旋中气压的差异，会带来风。

我国全年都受温带气旋的影响，而夏秋季影响我国东南沿海
地区的台风是热带气旋强烈发展的一种特殊形式。

冷空气

大家都对"冷空气南下"这个说法很熟悉吧？一说到这个，
就知道得适当添加衣服了。冷气团是冷空气南下的"主力军"，
它推动着暖气团向南跑。冷气团和暖气团相交的面叫"冷锋"，
全称是"冷空气前锋"，顾名思义，就是南下冷空气的"先锋
官"啦。它是影响我国的最常见的天气系统，也是产生大风的原
因之一。

雷暴

什么叫"风雨交加""电闪雷鸣"？雷暴就是这样。因为

雷暴产生在活动强烈的积雨云中，它是一种伴有雷雨、阵雨和大风的天气现象。雷暴产生的大风具有明显的日变化，通常时间较短，一般数分钟到数十分钟，风区范围也比较小，风向则是根据积雨云底的移动而发生变化。

飑线

当很多的单体雷暴排列成一条狭长的雷暴雨带时，我们就管它叫"飑线"。有人用"空中抽过的'巨鞭'"来形容飑线，还挺形象的。而且，这"巨鞭"出现得非常突然。飑线经过之处，风向突变，风速剧增、气温急降，狂风、雨、雹交加，能造成严重的灾害。

龙卷

"龙卷"这个词大家肯定不陌生，但希望都别亲眼见到——因为它是一种破坏力极强的风暴，像个漏斗状的吸尘器，从积雨云中伸下，拼命地席卷着所过之处（包括地面和水面上）的一切物体。龙卷这个名字也非常形象，因为它就像猛烈旋转的巨龙，行动迅速，有时

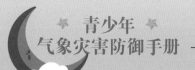

悬挂空中，有时触及地面，拔大树、掀车辆，摧毁着"行进"路上的阻碍，留下一地狼藉。

咱们国家哪里大风天气多

春天，李白在金乡（今属山东省济宁市）送别朋友的时候说"狂风吹我心"，我的心啊被狂风一直吹到了咸阳；秋天，待在成都草堂里的杜甫突然遇到怒号的秋风，"卷我屋上三重茅"，一晚上都没能安眠。

金乡送韦八之西京

唐·李白

客自长安来，还归长安去。

狂风吹我心，西挂咸阳树。

此情不可道，此别何时遇。

望望不见君，连山起烟雾。

茅屋为秋风所破歌

唐·杜甫

八月秋高风怒号，卷我屋上三重茅。

茅飞渡江洒江郊，高者挂罥长林梢，下者飘转沉塘坳。

南村群童欺我老无力，忍能对面为盗贼。

公然抱茅入竹去，唇焦口燥呼不得，归来倚杖自叹息。

俄顷风定云墨色，秋天漠漠向昏黑。

布衾多年冷似铁，骄儿恶卧踏里裂。

床头屋漏无干处，雨脚如麻未断绝。

自经丧乱少睡眠，长夜沾湿何由彻！

安得广厦千万间，大庇天下寒士俱欢颜！风雨不动安如山。

呜呼！何时眼前突兀见此屋，吾庐独破受冻死亦足！

这当然不能说明春天的山东济宁和秋天的四川成都总刮大风，但我国大风的地理分布确实呈现明显的地域性。

首先，高海拔地区的年大风日数明显高于低海拔地区，我国的四大高原——青藏高原、内蒙古高原、黄土高原、云贵高原的大风日数就比平原地区多；其次，峡谷地带大风多；再有就是东南沿海地区、山地隘口和孤立的山峰处也是大风常年光顾的地方。

生活在这些地方的青少年朋友们可以多写一些关于大风的文章和诗句，说不定你的大作也可以登上语文课本哦。

🚩 大风给我们带来什么麻烦

也许有人会说，大风能造成多大麻烦呀！大风来了，只要躲在屋子里关紧门窗，不就没事儿了？甚至还有个一本正经的笑话：体重在 105～120 斤[①]，可以抗住 8 级大风；体重在 135～150 斤，可以抗住 9 级大风；体重在 160 斤以上，就能和 10 级大风较量一下了。虽说这个玩笑不无道理，但是大风的影响与危害可远远不是"躲在屋里"和"体重足够"就能够抵御和解决的。

大风对农业的危害

大风会吹倒农作物，让它们"折腰"，花果也会遭殃；同时还会使蒸发量加大，让农作物失水枯萎。大风还会造成土壤风蚀、沙丘移动，毁坏农田。常年被大风侵袭的地方，树木常出现歪斜的现象，甚至会被吹倒。大风还是植物病原体的"帮凶"，让害虫借助它的力量远距离迁飞，造成植物病虫害蔓延。

大风对环境的危害

大风会加速土壤沙化，推动半固定沙丘松动，让流动的沙丘加速移动，加剧其他自然灾害，如干旱、雷雨、冰雹、盐渍化、荒漠化等的危害程度。

① 1 斤=0.5 千克，下同。

大风对畜牧业的危害

农作物会因为大风失水干枯，牧草也一样。在大风的"威胁"下，牧草的产量和质量都会下降，牛羊等牲畜吃不饱也吃不好，估计心情也好不了，严重影响生长发育。

"风吹草低见牛羊"这种美景可不会发生在大风天气。在大风的天气里草原上的畜群没法进行正常的采食，如果大风连刮数日，畜群的整体体质都会下降，体质不行，抗病能力自然也就下降了。冬春季出现的大风是柔弱的幼小牲畜的克星。它们太小了，本来身体就不如成年牲畜强壮，大风吹来只能挤在一起取暖，有时就会因为挤压踩踏造成死亡。

大风对人民生命财产和
其他各行业的危害

大风造成人员直接或间接伤亡的事件时有发生。大风经常会吹倒不牢固的建筑物、高空作业的吊车、广告牌、通信电力设备、电线杆、树木等，造成财产损失和人员伤亡。

大风天气怎么照顾好自己

首先让我们先认识一下大风预警信号，看看达到什么标准，气象台会发布大风预警信号。

大风蓝色预警信号

标准:24小时内可能受大风影响,平均风力可达6级以上,或者阵风7级以上;或者已经受大风影响,平均风力为6~7级,或者阵风7~8级并可能持续。

大风黄色预警信号

标准:12小时内可能受大风影响,平均风力可达8级以上,或者阵风9级以上;或者已经受大风影响,平均风力为8~9级,或者阵风9~10级并可能持续。

大风橙色预警信号

标准:6小时内可能受大风影响,平均风力可达10级以上,或者阵风11级以上;或者已经受大风影响,平均风力为10~11级,或者阵风11~12级并可能持续。

大风红色预警信号

标准:6小时内可能受大风影响,平均风力可达12级以上,或者阵风13级以上;或者已经受大风影响,平均风力为12级以上,或者阵风13级以上并可能持续。

看来刮大风，不只是不出门就可以万事无忧的。那么，在大风天气里怎样防御才是正确的呢？

首先当然还是尽量减少外出，必须外出时少骑自行车，不要在广告牌、临时搭建物下面逗留、避风。

如果坐在车里，应该告知司机将车驶入地下停车场或隐蔽处。

如果住在帐篷里，应立刻收起帐篷到坚固结实的房屋中避风。

如果这时候在船上或者正在游泳，应立刻上岸避风。

大风来之前要关好房间的窗户，这样可以防止大风吹袭之下玻璃破碎伤人；强风卷裹的沙石有时候会打破玻璃，所以大风到来之时要远离窗口，保护自己以免被伤到。

来点正能量

　　流动的风是地球温度和湿度的"调节员"，改善着地球上的水循环。不仅如此，它还在农业、环境和能源三方面默默地帮助着人类。

　　首先在农业方面，适度的风对改善农田环境起着有益的作用。风可传播植物花粉、种子，帮助植物授粉和繁殖。

　　其次是环境方面，风有利于近地层污染物的扩散，对净化空气，消除雾、霾起到积极作用。

　　还有就是能源方面啦，风力发电，绝对的清洁能源！

　　　　　　大风吹袭要注意，请扫二维码观看大风应急避险小贴士：

⚡ 危险的雷电

在我国古代的神话传说中，雷和电是有形象的。雷公是个猴脸鸟嘴长翅膀的男神，左手拿鼓，右手拿槌，咚咚敲；电母是个穿着浅粉色上衣、红色裙子里边套个白裤子的女神，两手分别拿一面闪光的大镜子，咔咔放光。然而神话就是神话，现实生活中没有人真正见过这两位神仙，与神话传说中唯一相同的一点是，现实生活中雷电的瞬时能量的确惊人。

⚡ 雷电的能量从哪里来

　　电闪雷鸣总是一瞬间的事儿，快到我们眨眼之间都有可能捕捉不到。那是因为雷电的放电时间非常短，一般在 50～100 微秒（1 微秒 = 10^{-6} 秒），而正常人的眼皮每分钟要眨动 15 次，也就是说平均 4 秒一次，可见雷电之迅！但是就在这极短的时间内，它所产生的冲击电流却是巨大的，高达几万安培到几十万安培！在放电的过程中，闪电通道内温度骤然增加，瞬间能使局部空气温度升高数千摄氏度以上！

　　那么，是什么赋予了雷电这么巨大的能量呢？这就得说说它的"生长环境"——积雨云了。几乎天天能与我们相见的云，也有分别，其中有一种是由很多很多小水滴和小冰晶组成的，外表

看上去既像个超级大馒头，又像一座高高耸立的灰白山峰，它就是积雨云。积雨云中对流强烈，小冰晶和小水滴一刻不停地在互相碰撞摩擦，产生了电荷，电荷又形成了电场，"闪电"就这样出现在了我们眼前。闪电释放出巨大的热能，使得周围的空气体积急剧膨胀，产生强烈的冲击波，于是就有了我们听到的轰隆隆的雷声。

在有雷电发生的天气，常常会伴有强烈的阵风和暴雨，有时还伴有冰雹或龙卷。

什么样的雷电会伤人

雷电产生的放电现象会发生在云与云之间、云与地之间或者积雨云的内部。其中发生在云与地之间的叫"云地闪"，它会对人类、动植物和建筑物造成危害，其他类型的雷电则会危害飞行器。另外，雷电产生的电磁脉冲也会对电子设备造成影响。

那么，云地闪又是如何对我们造成危害的呢？简单解释一下：当大量电荷聚集在云体上的时候，它们互相"冲撞"总要找个通道来泄放，当此时有个距离云底最近、相对高度较高的物体，比如很高的建筑物、山顶或者空旷地方的一个人、一棵树，这下好了，这帮电荷可算找到了"宣泄渠道"，一哄而下的结果就是建筑物等被毁坏或者人员伤亡。

　　从危害的角度来讲，雷电可以分为直击雷、球形雷、感应雷和雷电波入侵这 4 种。直击雷威力最大，它放电产生的高压和高热会直接或者间接引起火灾、爆炸。球形雷则是一种发出红光或者极亮白光的带电的球形漂浮气团，它伤害性极强，好在比较罕见。感应雷主要由电磁感应导致，可造成对人体的二次放电，也会破坏电气设备。而雷电波入侵则会造成电气设备突然爆炸起火或者损坏，因此，雷雨天要慎用电器或者接打电话。

直击雷
威力最大的雷电
云体与地面物体之间会形成极高的电压并击穿空气放电。

球形雷
较直击雷威力偏小
发出红光或极亮白光的带电球形漂浮气团。

电磁脉冲
对电子设备影响较大
主要由电磁感应所致，分感应雷和雷电波入侵。

云闪
对人类危害最小
分云内闪和云际闪。

　　总之，雷电发生时所产生的电流是主要破坏源，可毁坏各种电器装置、建筑物和其他设施，电力设备或者电力线路被破坏导致的直接恶果就是大规模停电。雷电伤人的事件也屡有发生。它一般采用4种方式来伤人：

　　直接雷击：在雷电现象发生时，如果闪电直接袭击到人，受伤是一定的，严重的甚至死亡。

　　跨步电压：落地的雷电在近雷击点处的电压值要比远离雷击点处的电压值大得多。这时，如果有人在雷电落地点附近，两脚分开站立或行走，一脚距离雷击点近，另一脚离雷击点远，就会产生一定的电位差，从而使人受到伤害，这就是所谓的"跨步电压"。

刚刚是不是被电了一下？

跨步电压　　　　跨步电压

接触电压：雷雨天，自来水管、电器的接地线、大树树干等可能因雷击而成为带电的物体，如果人不小心触摸到这些物体，受到这种接触电压的袭击，就会发生触电事故。

旁侧闪击：打雷时，如果人恰好在被雷击中的物体附近，雷电电流就会在人头顶高度附近，将空气击穿，再经过人体泻放到地面，人就会被击伤。

　　在 20 世纪末联合国组织的国际减灾十年活动中，雷电灾害被列为最严重的十大自然灾害之一。我们国家也是雷电灾害频繁发生的地区之一，每年发生的雷电灾害都造成了严重的人员伤亡和巨大的经济损失。

听雷声就能判断雷电跟我们的距离有多远

　　滚滚的乌云迅速在天上聚集，狂风大作，眼看一场暴雨就要来了，接下来很有可能云地闪就要出现！突然，亮眼的闪电在天边划开，轰隆隆的雷声响彻天际，它们距离我们有多远呢？

　　由于光速比声速大约快100万倍，所以，在闪电与伴随的雷声之间，会有一定的时间差。当看到闪电时，通过计算与听见雷声的间隔时间长短就可以判断出来自己的位置与雷电之间的距离。如果看见闪电和听见雷声间隔3秒，表示雷电发生在离自己约1千米的位置；如果是1秒钟的时间，也就是闪电过后眨眼之间就听见雷声，说明雷电就发生在附近300米处。

　　换句话说，通过分析每次看见闪电与听到雷声的时间间隔是越来越长，还是越来越短，也可以判断雷暴是逐渐远离而去，还是越来越近。

光速比声速大约快100万倍，闪电与伴随的雷声之间会有时间差哦！

雷电发生之前，气象部门也会发布相关预警。

雷电黄色预警信号

标准:6小时内可能发生雷电活动,可能会造成雷电灾害事故。

雷电橙色预警信号

标准:2小时内发生雷电活动的可能性很大,或者已经受雷电活动影响,且可能持续,出现雷电灾害事故的可能性比较大。

雷电红色预警信号

标准:2小时内发生雷电活动的可能性非常大,或者已经有强烈的雷电活动发生,且可能持续,出现雷电灾害事故的可能性非常大。

科学防雷小要点

有句话叫"知己知彼，百战百胜"，防雷也是一样。首先我们得了解雷电更容易"袭击"哪里，在雷雨天首先就要避开这样的地方。

缺少避雷设备或避雷设备不合格的高大建筑物、大型储罐等。

没有良好接地的金属屋顶，就算有避雷针也没用的。

潮湿或空旷地区的建筑物、树木等。

雷雨天天气,不要爬山或去有水的地方游玩哦!

山顶、山坡、山脚下,水面或水陆交界处。

知道了这些,如果在室外遇上雷雨天气,聪明的你一定不会惊慌失措,只要远离这些可能招雷的物体和场所就可以了。

当然,雷雨天就尽量不要出行了,什么爬山、游泳、划船的就更不要了,最好的就是待在有防雷装置保护的建筑物内。对于高楼大厦来说,最佳的防雷装置当然是避雷针喽。

但是如果一定要外出,或者是正在行进的路上碰到雷雨,应该怎么保护自己呢?在室外避雷,除了赶紧进入安全的建筑物

内之外，躲进汽车也很安全。如果此时在水面上，金属壳体的船舱内就是完美的躲雷处。假如一时之间找不到合适的避雷场所，就找一块地势低的地方（别靠近大树），然后双脚并拢、手放膝上、蹲下，身体前屈，最好是能披上雨衣，防雷效果会更好。

总之雷雨天在室外有 6 个注意事项，要牢记：

✘ 不要进入临时搭建的棚屋、岗亭等没有防雷设施的建筑物里。

✘ 不要靠近高压电线和孤立的高楼、大树、旗杆等，更不要躲在大树底下避雨。

✘ 不要在空旷或者地势高的地方打伞，扛钓鱼竿、高尔夫球杆、旗杆、羽毛球拍等带金属物体，这些都增加了引雷风险。

✘ 不要进行户外球类运动和奔跑。

✘ 不要游泳、划船，也不要在沙滩、江边、湖边等水陆交界处游玩。

✘ 不要停留在建筑物顶上。

是不是在室内就无所谓了呢？其实还是有三不要。

不要敞开门窗，关闭门窗最直接的好处就是可以阻止球形雷进入。

不要淋浴或触摸金属管道。

不要靠近建筑物外墙、电气设备及使用电器。

一旦遇到被雷击的人，怎么才能帮助他们呢？

首先，如果是未成年人，你的任务就是找个安全的地方拨打电话叫救护车，或者让成年人尝试叫醒伤者，让伤者就地平躺，暂时不要站立走动，防止突然休克晕倒或者心衰。

如果无法唤醒伤者，就让他平躺，看看周围能不能找到相对专业的人员对他进行胸外心脏按压或人工呼吸，在救护车到来之前争取抢救时间。

如果被雷击后的人身上的衣服着火，要让他马上躺下，防止脸部被火烧伤，同时找水往他身上泼，或者用厚外衣裹住伤者，隔绝空气灭火。

不要慌，慌张解决不了任何问题，只能让问题更糟，记住你看过的书、学会的防灾减灾知识，就能在遇到问题的时候冷静解决问题，保护自己，救护他人。

来点正能量

雷公电母或许都不知道，雷电还是肥料加工厂和空气净化器！根据测算，雷电发生时，空气中的氮和氧会被电离，化合为亚硝酸盐和硝酸盐分子，并溶解在雨水中降落地面，成为天然氮肥。

都知道雨后空气很清新，这当然有雨水冲刷的功劳，但是一场雷雨过后，空气中负氧离子浓度会增加，使得空气格外清新，人们感觉心旷神怡。

电闪雷鸣威力大，请扫二维码观看雷电应急避险小贴士：

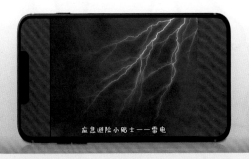

℃ 热浪滚滚的高温

　　出门感觉不是进了"蒸笼"就是进了"烤箱"，鞋底都是烫的，小狗躲在墙边的阴影里吐着舌头喘粗气，花草无精打采地耷拉着"脑袋"，知了在树上没完没了地嘶叫"热呀热呀"， 走在阳光下严重怀疑自己的头发是不是都烧着了。可怜的身体无力抗争，汗水出了一层又一层，好像一只到处漏水的壶……每到夏天，总能看到它热浪滚滚的"身影"。这，就是高温。

℃ 夏天=高温吗

　　要想明确这个问题，先得了解一下高温热浪的定义。高温热浪是指高温持续时间较长，引起人、动物以及植物不能适应环境的一种气象灾害。目前国际上还没有统一的高温热浪标准，世界气象组织（WMO）建议：日最高气温高于 32 ℃，且持续 3 天以上的天气过程称为高温热浪。

太热了！
我要回家！

但是许多国家和地区针对各区域气候特征差异制定了各自不同的标准。比如，荷兰皇家气象研究所规定：日最高气温高于 25 ℃且持续 5 天以上（其间至少有 3 天高于 30 ℃）的天气过程称为高温热浪。

"25 ℃持续 5 天，其中至少 3 天高于 30 ℃……"这对咱中国人来说恐怕算不上高温吧？所以我们国家也根据自己的气候特点制定了标准，将连续 3 天以上最高气温达到 35 ℃及以上，或连续 2 天最高气温达到 35 ℃及以上并有 1 天最高气温达到 38 ℃及以上的天气过程称为高温热浪。

可是有的时候明明气温达不到这个程度，大家却都说"今天可太热了！天气预报是不是不准啊"，这又是怎么一回事呢？

这就要说到气温和体感温度的区别了。天气预报中的气温是指现代气象站观测和记录的气温。如果有机会去气象观测站看看，你准能看到一个放在草坪上的百叶箱，它四面通风，距离地面 1.5 米高，百叶箱里有个温度计，它测量出来的气温是准确的温度。而体感温度则是指人体感受到的空气温度。

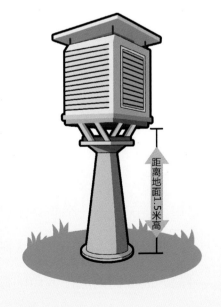

距离地面 1.5 米高

体感温度受很多因素共同影响，主要因素有 4 个：

一是气温。就是我们通常在天气预报中知道的温度。

二是湿度。当温度比较高，而湿度比较小的时候，人体感觉就不会那么难受，因为体表的水分被大量蒸发掉了。与干热天相比，"桑拿天"因为湿度大更让人觉得难受，就是这个道理。

三是风。在有风的情况下，人身体散发的热量被吹走，即使气温较高，也会感觉比较干爽。所以在那些没有空调和电扇的日子里，夏天人手一个的必需品就是"扇子"！

四是辐射。夏天，当太阳直接照到人身上，就会让人体温度升高，而在树荫底下或遮阳棚下，就与被太阳直接"烤着"的感觉完全不同。另外，阴天与晴天人的体感温度相差 4～6 ℃，甚至更大。

地表辐射也是这样，地表温度较高时，向外散射的热量也就比较大，体感温度就会不同。不信你可以试试，夏天站在太阳照射下的水泥地面上和草木茂盛的湿地或者树林草地上，哪一个你会觉得更凉爽呢？所以，为了让每一个夏天更舒服些，咱们不但植树节要多种些树，平时也要全力爱护、默默守护在我们身边的一草一木。

咱们国家哪里最"火热"

我国的国土面积非常大，受到不同大气环流背景、下垫面（也就是大气与其下界的固态地面或液态水面的分界面）性质的影响，高温分布也有比较强的区域性特征。比如，我国东南部和西北部就是两个年高温日数分布高值区，全年高温日数一般都超过 15 天，江南部分地区、福建西北部、重庆市年高温日数可以达到 35 天左右，新疆吐鲁番则长达 90 多天。

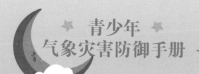
素有"火洲"之称的新疆吐鲁番盆地位于我国的西北部，是新疆天山东部南坡的一个山间盆地。一说到天山，我们总能想到终年不化的皑皑白雪，可为什么吐鲁番盆地的夏季却如此炎热呢？这是因为吐鲁番盆地是天山地区陷落最深的盆地，最低处在海平面以下155米，是我国陆地最低的地方。盆地周围的山岭都是海拔千米以上甚至高达四五千米。如此一来，导致盆地的热量不能散发，所以气候炎热干燥，也因此成为我国夏季气温最高的地方。

说到这里，要特别跟大家讲一个吐鲁番最出名的景点——火焰山。火焰山位于吐鲁番盆地的北缘、古丝绸之路北道，呈东西走向，那里遍布着红色的花岗岩，在阳光的照射下像漫山燃烧着熊熊火焰，因此又被称为"红山"。这里夏季最高气温达 47.8 ℃，地表最高温度达 70 ℃以上，沙窝里甚至可以烤熟鸡蛋！

高温带来的不只是"热热热"

说起高温的影响和危害，你能想到什么？汗流浃背，出去好像要被晒化了，只想赶紧进屋吹空调！然而高温带来的可不仅仅是"热"这一种让人不舒服的感受。

高温对人们日常生活和身体健康以及各行各业都有一定的影响。

不管是毒辣日头带来的干热型高温，还是阳光照射虽不强烈却气温高、湿度大的"桑拿天"，都会让我们的生理、心理感到不适，容易感到心烦意乱，注意力不集中，中暑、肠道疾病和心脑血管疾病等的发病率也会增加。

人们想缓解高温天气带来的不适，肯定急需防暑降温，因此水电需求量就会猛增，造成供应紧张。

土壤里的水分也会因为高温加速蒸发，假如这时还长时间不下雨，旱灾可就会来"凑热闹"了。高温加干旱，会直接影响植物生长发育，造成减产，给农业生产造成较大影响。

持续高温少雨还容易引发火灾，而森林火灾又会对生态环境造成破坏。一片森林的形成需要几十年甚至上百年，森林之中还有不少珍稀动植物，一场火灾会让这些动植物统统遭殃，毁掉容易重建难啊！

高温高湿是很多病菌最喜欢的环境。病菌大量滋生，导致食物加速腐败变质，因此，高温的季节也是急性肠胃炎、痢疾、腹泻等疾病的高发期。

℃ 高温天气下怎么照顾好自己

一到夏季总免不了会遇到高温天气。为了让大家有所防范，气象部门会事先发布高温预警。让我们来认识一下高温预警信号吧！

高温黄色预警信号

标准:连续3天日最高气温将在35℃以上。

高温橙色预警信号

标准:24小时内最高气温将升至37℃以上。

高温红色预警信号

标准:24小时内最高气温将升至40℃以上。

高温的天气里，我们要怎么做才能让自己在炎天暑热里尽量舒服一些呢？长辈们总说"心静自然凉"，然而"心静"好像也没那么容易，还是得找些具体办法才行。那我们就从以下 4 个方面注意吧！

衣要吸汗加宽松，
透气舒适两相宜。
勤洗勤换保清洁，
皮肤健康度夏季。

吸汗　宽松　纯棉　浅色　透气　勤洗勤换

食要清淡不寒凉，油腻食物一边去。
尽量不要剩饭菜，小心病菌进嘴里。
酸梅绿豆凉茶饮，最是适宜降暑气。
适量饮用淡盐水，补充水分别忘记。

高温天气
饮食需注意。

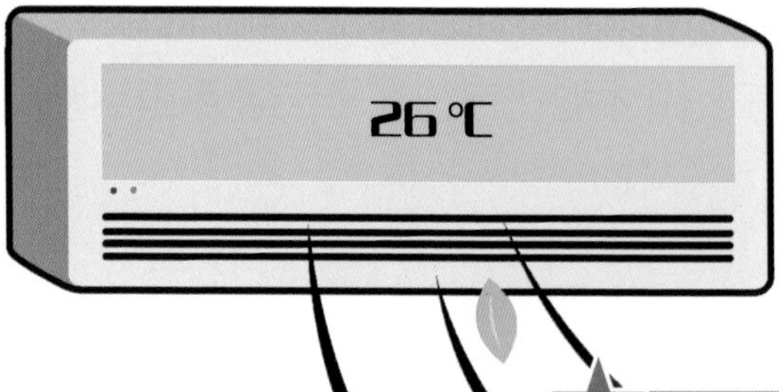

26℃

适当午休很重要，保证睡眠好情绪。
电扇不要直接吹，空调开启也注意。
内外温差别过十，咱们身体受不起。

（特别提示：进出空调房间要注意，室内外
温差不要超过10℃。也就是说，室内空调温
度最好设定为26℃）

户外活动要减少，日头毒辣别出去。若要外出需防护，充足水、防暑药，遮阳伞、浅色衣，提前涂抹防晒霜，一定都要准备齐。浑身大汗进门来，不要马上冷水洗。

（特别提示：高温天气，不要长时间在太阳下暴晒，尽量避免和减少户外活动，尤其是10—16时这个时间段）

记住哦，出了大汗，不要立即用冷水洗澡。

休息休息，一会儿再洗澡。

中暑啦！怎么办

火热的夏天，长时间暴露在高温环境中，经常会听见有人说：这天热得都快让人中暑了。中暑是人体在高温和热辐射的长时间作用下，因为热平衡机能紊乱引发的一种急症。根据临床表现的轻重，中暑也分3种情况：先兆中暑、轻症中暑和重症中暑。

最轻微的是先兆中暑。在高温环境下，人体出现头痛、头晕、口渴、多汗、四肢无力发酸、注意力不集中、动作不协调等症状，体温正常或略有升高。这时候只需要把人转移到阴凉通风处，及时补充水和盐分就可以了。

如果不能及时得到处理，那么先兆中暑就会变为轻症中暑。这时候人体体温往往在 38 ℃以上，除头晕、口渴外，往往有面色潮红、大量出汗、皮肤灼热等表现，或出现四肢湿冷、面色苍白、血压下降、脉搏增快等现象。先兆中暑就需要及时去医院就医了。

轻症中暑要是还得不到及时救治，那就会发展成重症中暑。顾名思义，重症中暑是中暑情况最严重的一种，如不及时救治将会危及生命。这类中暑又可分为 4 种类型：热痉挛、热衰竭、日射病和热射病。如果遇到这种情况还说什么呢，迅速把人抬至阴凉通风处，赶紧拨打"120"求救啊！

℃ 来点正能量

高温可以让女孩子穿上漂亮的花裙子，高温可以让人畅快地游泳，高温可以让冰淇淋热销，高温的季节就放暑假啦……

同时，我们也要更加尊重在高温热浪里坚持工作的交警、清洁工、快递员、医生、建筑工人们……因为有他们的辛勤劳动，才能让我们吹着空调电扇、吃着西瓜雪糕，躲避高温热浪的伤害。说到这里，记得炎热的夏季，调高1℃空调、节约一滴用水，尽量节约能源，因为守护好地球，也是守护好我们自己。

在这里偷偷告诉你们一个关于高温的小秘密：虽然它可以致病，但是也会用另一种方式帮我们治病，只要运用得当！你听说过沙疗吗？每年的6—8月，吐鲁番最高45℃的气温使得那里的沙丘表面温度可达70℃——滚滚的高温热浪让高低错落的沙丘成了天然"理疗仪"。此时，当地医院开设的沙疗中心就会吸引来自各地的游客前往体验，据说很不错。不过，一定要在医生的指导下进行，才可以达到最佳效果且不伤害自己哦。

高温危害勿轻视，请扫二维码观看高温应急避险小贴士：

◆ 小心冰雹

    不知道你观察过冰雹没有，那些半透明的小球从天而降，"叮叮当当"在我们眼前弹跳着，像一个个小弹珠。拿在手里会发现，有的冰雹表面光滑，有的带着小疙瘩。如果剖开它，就可以看到它有个透明的或者白色不透明的生长中心——雹胚，雹胚外包有透明冰层或者由透明冰层和不透明冰层相间组成，一般有4～5层，最多居然有20多层。

天上的"珠子"从哪儿来

天上是有制冰机吗？怎么会掉下冰"弹珠"？冰雹是一种固态降水物，通常是像圆球、圆锥或是形状不规则的冰块，春、夏、秋三季都可以发生。冰雹的直径一般在 5～50 毫米，最大的直径可达 10 厘米以上。

冰雹的家在发展强盛的积雨云中，这种云称为"冰雹云"。水滴、冰晶以及雪花共同构成了冰雹云。冰雹云整体像个三层的大蛋糕，温度越往上越冷：最下边的一层因为温度在 0 ℃以上，所以全是小水滴；中间一层的温度在 -20～0 ℃，内容也是冰雹云中最丰富的一层，由过冷水滴、冰晶和雪花组成；最上面的一层温度在 -20 ℃以下，基本上就都是冰晶和雪花了……小水滴在 -20 ℃以下就不可能再是水滴状态啦。

冰雹从冰雹云掉到地上也是经过一番"折腾"的。我们看到天上白云"闲适"地飘着，但其实它们内部一点儿也不安静。比如在冰雹云中，上升气流不断变化着，一会儿变强一会儿又变弱，当上升气流比较强时，它把云下层的小水滴翻滚着带到云的中上层，那里的温度让水滴们好像进了一个速冻冰箱，很快变冷，凝固成了小冰晶。小冰晶被气流带着，忽而上升忽而下降，在下降过程中，小冰晶碰上了过冷小水滴，小水滴就在小冰晶身上冻结成为一层不透明的冰核，冰雹的"胚胎"就形成了。冰雹云里不停地进行着这种气流升降变化，小冰核也在一次次翻滚中不停地跟过冷水滴碰撞，这样的结果就是：冰核"长胖了"，等它"胖"到冰雹云中的上升气流托不住的时候，就会"刷"地从天上掉下来。我们看到了就会说："哎呀，下冰雹啦！"

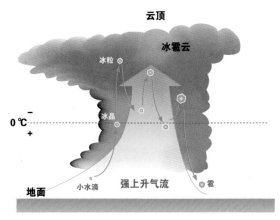

冰雹形成过程示意图

所以冰雹云这个天上的"制冰机"要能让冰雹形成也是需要一定条件的。首先，是大气层结的不稳定；其次，这种冰雹云一定要发展到能使个别大水滴冻结的高度（通常是温度在 -16～ -12℃时的高度上）；然后，还要有强的风切变，也就是风向或者风速在空中水平或垂直方向上有很大的变化；还有，冰雹云的垂直厚度不能小于6千米，薄薄的云可不行；再有，就是云内含水量必须丰富；最后，云内还需要有倾斜的、强烈而不均匀的上升气流，一般上升速度在10～20米/秒或以上，相当于一匹快速奔跑的马的速度。

一点儿也不"好玩儿"的冰雹

　　冰雹这种天气现象不像下雨一样常见，当这些"大珠小珠"从天而降的时候，不少小朋友都觉得很有趣、很好玩儿，但是冰雹在大人眼里可就不是这么回事了。它们属于不受欢迎的一种天气现象，属于灾害性天气之一，被称作"雹灾"。

　　雹灾是一种较严重的自然灾害。一般情况下，冰雹的直径越大，破坏力就越大。冰雹常砸坏庄稼，威胁人畜安全。它具有局地性强、历时短、受地形影响显著、年际变化大、发生区域广等几个特点。

局地性强：每次冰雹的影响范围一般宽几十米到数千米，长数百米到十几千米。这个特点跟暴雨差不多。

历时短：一次降雹时间一般只有 2～10 分钟，少数在 30 分钟以上。幸亏时间不长，要是次次都 30 分钟以上，那简直让人抓狂。

受地形影响显著：地形越复杂，越容易发生冰雹。比如，山区要比平原地区更容易下冰雹。

年际变化大：在同一地区，有的年份连续发生多次，有的年份发生次数很少，甚至不发生。冰雹真是个神出鬼没的家伙！

发生区域广：从亚热带到温带的广大气候区内均可发生，但以温带地区发生次数居多。也对，太冷就直接下雪，太热就直接下雨……

我国大部分地区都属于温带地区，因此，冰雹也成为我国主要的灾害性天气之一。虽然它出现时影响的范围相对比较小，过程时间也比较短，但它说来就来，一通狂砸，并且常常带着它的

"狐朋狗友"——狂风暴雨、急剧降温等阵发性灾害性天气过程一起，因此危害性不小。尤其在农业方面，严重时可造成农作物绝收；果树林木遭到雹灾，当年和以后的生长都会受影响，一次冰雹影响的不仅仅是一年。

不仅仅如此，冰雹对交通运输、房屋建筑、工业、通信、电力，以及人畜安全等方面也有不同程度的危害。据统计，我国每年因冰雹造成的经济损失达几亿元甚至几十亿元，想想都心疼！

能提前知道会不会下冰雹吗

我们能否凭借自己的观察，事先判断会不会遇到冰雹降临呢？下边有几个可以通过观察"云""风""雷""电"预报冰雹的小方法，朋友们可以试着观测一下是不是真的有道理。

季节：冰雹易发生在早晨凉快且湿度大、中午太阳辐射强烈的季节，因为这样的情况易造成空气对流旺盛，有利于冰雹云的形成。

云：因为空气对流旺盛，云迅猛发展起来，云层上下会激烈翻滚，谚语"不怕云里黑乌乌，就怕云里黑夹红，最怕红黄云下长白虫"说的就是如何从云的颜色和形态来判断是否会下冰雹。

风："恶云见风长，冰雹随风落"，风向变化剧烈的大风也是下冰雹的前兆。

雷: 因为属于强对流天气的一种, 冰雹常常伴有雷电, 因此, 雷声也会"出卖"它的"行踪"。冰雹云常常是由两块或几块浓积云相对运动后合并而发展起来的, 闪电的各部分发出的雷声和回声混杂, 听起来有雷声连续不断的感觉, 因此, 民间谚语有"拉磨雷, 雹一堆"的说法。

　　电: 冰雹云中的闪电大多是云块与云块之间的闪电, 被形象地称为"横闪"。横闪的出现说明云中正在激烈地进行着形成冰雹的过程, 所以也有"竖闪冒得来, 横闪防雹灾"的说法。

　　此外, 各地看物象测冰雹的经验很多, 如贵州有"鸿雁飞得低, 冰雹来得急""柳叶翻, 下雹天", 山西有"牛羊中午不卧

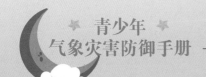

梁，下午冰雹要提防"等谚语。因地域不同，大家也可以对照参考。你们当地是不是也有类似的谚语呢？

不过，在实际生活中不能只根据上面的某一条经验就断定会不会下冰雹，这些冰雹来临前的征兆都属于人们长时间的经验性总结，最科学也是最好的办法还是及时关注气象部门发布的预报预警信息。

冰雹经常"出没"的地点和时间

冰雹哪儿都下过，但是容易演变成冰雹灾害的地方，总结一下还是有规律可循的。我们国家冰雹灾害的发生地总体是中东部多、西部少，空间分布呈现一区、二带、七中心的格局。

一区：长江以北、燕山一线以南、青藏高原以东的地区，是中国雹灾多发区。

二带：昆仑山—祁连山—横断山脉外缘雹灾多发带（特别是以东地区）和大兴安岭—太行山—巫山—雪峰山东缘及以东地区雹灾多发带，是中国多雹灾带。

七中心：若干雹灾多发中心散布在两个雹灾多发带中：东北高值区、华北高值区、鄂豫高值区、南岭高值区、川东鄂西湘西高值区、甘青东高值区和喀什阿克苏高值区。

其中青藏高原是我国降雹日数最多的地区。

青藏高原部分地区年平均降雹日数

地 区	年平均雹日数
那曲	35.9 天（最多 53 天，最少 23 天）
班戈	31.4 天
申扎	28.0 天
安多	27.9 天
索县	27.6 天

一年 365 天，30 天左右都会下冰雹，真让人惊掉下巴！

我国不同地区降雹集中月份也有明显的区别：福建、广东、广西、海南、台湾集中在 3—4 月，江西、浙江、江苏、上海集中在 3—8 月，湖南、贵州、云南及新疆的部分地区集中在 4—5 月，秦岭、淮河的大部分地区集中在 4—8 月，广大北方地区集中在 6—7 月，华北及西藏部分地区集中在 5—9 月，山西、陕西、宁夏等地集中在 6—9 月，青藏高原和其他高山地区集中在 6—8 月。看来只要躲过 3—9 月，冰雹就不会轻易掉下来了。

如果再细化，每日降雹的时间也可以统计出来。我国大部分地区降雹时间有七成集中在当地时间 13—19 时，且以 14—16 时为最多。仅四川盆地、湖北西部、湖南西部一带降雹多集中在夜间，青藏高原部分地区多在中午降雹。看来，冰雹也喜欢"睡懒觉"啊……

对付冰雹还是有办法的

我国是个农业大国，自古以来就没少被雹灾坑害，因此，也总结出了一些农业防雹的措施：增种抗雹和恢复能力强的农作物，比如土豆、花生、红薯等。同时防灾减灾意识也必不可少。在多雹灾的地区，在降雹的季节里农民们下地干活的时候都会随身携带防雹工具，如竹篮、柳条筐等，以尽量减少被冰雹伤害的概率。

冰雹到来之前，气象部门会发布预警信号，让人们早做准备，最大限度地防范冰雹灾害。

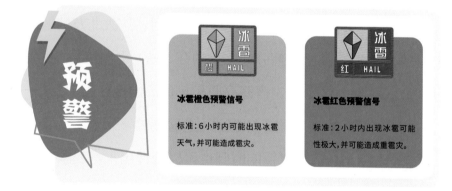

冰雹橙色预警信号

标准：6小时内可能出现冰雹天气，并可能造成雹灾。

冰雹红色预警信号

标准：2小时内出现冰雹可能性极大，并可能造成重雹灾。

随着科技进步，人工防雹也越来越精准有效。我国是世界上开展人工防雹作业较早的国家之一，目前常用的人工防雹方法有爆炸法和催化法。

爆炸法，是用高射炮、火箭或土炮等向云的中部和下部大量集中轰击，利用爆炸造成的强大冲击波破坏上升气流，切断水源供应，使冰雹云不再发展。

催化法，则是利用火箭或高射炮把带有催化剂（碘化银）的弹头射入冰雹云的过冷却层，或利用飞机将碘化银粒子播撒到冰雹云中，从而产生大量的人工冰雹"胚胎"，它们和自然形成的冰核争夺水分，使云中水分分散到大量的人工小冰核上。这样一来，一大堆小冰核中几乎没有哪个能得到充分的水量而长大或者冰雹的增长时间被拖延了，因此可以起到防雹的作用。

当然，冰雹来了，小朋友们也别图好玩儿。冰雹从那么高的云里掉下来，被它砸一下还是很疼的。要是冰雹大了还会伤人、损坏户外物品。所以天气预报说会有冰雹天气的时候，要记得收好容易被冰雹损坏的室外物品，关好门窗；冰雹到来要立刻停止户外活动，不要试图在外躲避。冰雹无眼，伤人危险，要想近距离观察它，还是等冰雹过后再去吧。

冰雹到底怎么防，请扫二维码观看冰雹应急避险小贴士：

〰 毁灭生机的干旱

如果植物会说话，你猜它会最讨厌哪种气象灾害？台风、暴雨、高温还是冰雹？不不不，想想看，植物生存所需的最基本要素是什么？是阳光、空气和水。所有的气象灾害里哪怕是冰雹，也会给躲在石头缝里的植物一线生机，让植物生无可恋的气象灾害怕是只有一种——干旱灾害。有它在，那当真是"寸草不生"。

只有干旱地区才会出现干旱灾害吗

在不少人的概念里，干旱灾害似乎跟沙漠、戈壁相关，烈日孤悬，飞鸟难渡，漫漫黄沙一望无际，只有坚韧的骆驼才有勇气一路跋涉前行，而且觉得所有干旱现象都是灾害。但是，这里有一个概念要提前给大家更正一下，干旱和干旱灾害可是两个不同的概念。

让我们先想象一个地方，平时天气变化还是挺规律的，基本属于风调雨顺，花娇艳、树葱茏，突然有段时间，30天以上吧，不下雨或者是就下了一点儿稀稀拉拉的雨，造成的直接后果就是，花草树木都有点儿蔫头耷脑……这，就是干旱。

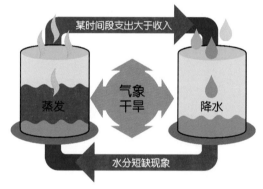

30天以上没有有效降水，导致土壤和空气干燥的现象，气象上称为干旱。这时候要是突然来场酣畅淋漓的大雨，干旱就消失了。但

是干旱灾害可没这么好对付，当某地在较长时间内，降水严重不足，土壤因为一直蒸发却得不到水分补充而干裂，当地的河川流量也减少了，农作物的生长和当地人的生产活动也受到了较大的危害，这才被称为干旱灾害。

　　干旱灾害属于偶发性的自然灾害，在干旱、半干旱气候区和湿润、半湿润气候区都有可能发生。但是在干旱、半干旱气候区，干旱灾害发生频率更高。比如，新疆大部、甘肃西北部、宁夏北部、山西北部等地都较容易发生干旱灾害。

咱们国家哪里易发生干旱

　　根据综合气象干旱指数，干旱被划分为5个等级。

等级	无旱	轻旱	中旱	重旱	特旱
干旱影响程度	地表湿润，作物水分供应充足；地表水资源充足，能满足人们生产、生活需要	地表空气干燥，土壤出现水分轻度不足，作物轻微缺水，叶色不正；水资源出现短缺	土壤表面干燥，土壤出现水分不足，作物叶片出现萎蔫现象；水资源短缺，对生产、生活造成影响	土壤水分持续严重不足，出现干土层（1~10厘米），作物出现枯死现象；水资源严重不足，对生产、生活造成较重影响	土壤水分持续严重不足，出现较厚干土层（大于10厘米），作物出现大面积枯死；多条河流出现断流，水资源严重不足，对生产、生活造成严重影响

我国干旱的发生还是挺频繁的。东北地区西南部、黄淮海地区、华南南部及云南、四川南部等地年平均干旱发生的频率较高，其中华北中南部、黄淮北部、云南北部等地达 60%～80%；其余大部地区不足 40%；东北中东部、江南东部等地年平均干旱发生频率较低，一般小于 20%。

干旱只是没水喝吗

每一滴水对于我们来说都是很珍贵的。有科学研究表明，人类在完全不喝水的情况下，只能生存 4～7 天。青少年朋友们一定要记得，要保护水源，珍惜这位无色无味的液体朋友——水，有了它，才有地球的勃勃生机。

一想到干旱，马上就会联想到干渴，但是干旱灾害带来的危害却不仅仅是人畜没水喝。它对我们生活的影响是多方面的。

干旱灾害影响农牧业生产。水分条件是决定农牧业发展的主要条件，水分的缺失会直接影响农作物和牧草的分布、生长发育、产量及品质。干旱会造成粮食减产、牧草品质下降，畜牧产品也会受到影响。——不仅没水喝，少饭吃，肉也没得吃了……

干旱灾害影响生态环境。湖泊、河流水位会因干旱而下降，甚至干涸和断流，导致水资源短缺；草场植被也会因干旱而退化，土地荒漠化进程加剧。同时，干旱灾害还易引发森林及草原火灾和作物病虫害。——不仅没水喝，还发"火"、招虫害……

干旱灾害影响人类生活。水资源的短缺首先会造成用水困难，干旱灾害发生地的居民正常的生产生活都会受到影响。用水的缺乏会使人们的免疫力下降。——不仅没水喝，还容易生病……

干旱灾害影响经济社会的发展。干旱造成粮食减产，会影响到食品加工等行业的正常运行。其他各类农产品的产量也会下降，市场物价波动，严重的甚至影响社会的稳定。——不仅没水喝，兜里的钱也没了，我们的生活也扰乱了……

这么一说，地球上的生命体应该没有不讨厌干旱灾害的吧？毕竟这真的是一个以一己之力掐灭生机、招致混乱的灾害。

怎么让干旱的"武力值"下降

干旱来袭，想要有针对性地进行相应防范，就要先认识一下气象部门针对它发布的预警信号。

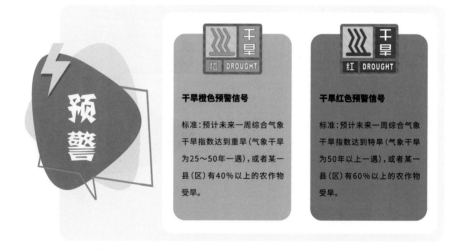

干旱橙色预警信号

标准：预计未来一周综合气象干旱指数达到重旱（气象干旱为25~50年一遇），或者某一县（区）有40%以上的农作物受旱。

干旱红色预警信号

标准：预计未来一周综合气象干旱指数达到特旱（气象干旱为50年以上一遇），或者某一县（区）有60%以上的农作物受旱。

面对干旱灾害无情的破坏力，我们人类又该如何应对才能有效减少它带来的伤害呢？

面对气象灾害，人类不会被动等待，一定会积极应对，干旱灾害面前也一样。比如，在容易发生干旱的地区，农民们会选择耐旱的农作物品种。

这个品种很耐旱哦。

修筑水库

修建小型水库、塘坝、水窖等。

一旦出现干旱，农民也会用地膜、秸秆或者小碎石覆盖地面，减少土壤水分的蒸发，同时采用滴灌、喷灌等节水的灌溉方式浇灌农作物。

干旱到来，我们的气象部门会密切关注天气形势变化，抓住有利时机，积极组织实施人工增雨作业，用雨水战胜干旱。我们的各级政府也会依照气象、农业、水利发布的干旱指标，及时启动应急预案，部署抗旱工作。在广大农村广泛开辟抗旱水源，科学调度抗旱用水；在靠近大中型水库和江河干流的地方，会千方百计把提灌工作做好；在城市，按照"先生活、后生产，先节水、后调水，先地表、后地下"的用水原则制定有效措施，确保城市居民饮水安全，最大限度地满足城市生产用水需求，兼顾城市环境用水需求，等等。

广大的青少年朋友想为抗击干旱灾害助力吗？其实很简单，那当然是节约用水从我做起，绿色生活保护环境呀。

比如，在洗脸、洗手、洗澡、洗衣、洗菜过程中不要一直开着水龙头放水，清洗过后的水可以再用来拖地板、冲马桶。

衣服一起洗节约水。

把脏衣物集中起来清洗，从而减少用水。

植树造林可以遏制干旱"病"的源头——植被多了，可以有效减少水土流失，起到涵养水源的作用，从根本上解决问题。

对于节约用水、抗击干旱你还有什么小妙招吗？欢迎跟大家分享啊！

干旱无情可应对，请扫二维码观看干旱科普动画：

➡ 飞扬的沙尘暴

记得《西游记》里有个挺厉害的妖怪叫"黄风怪",不知道你们对他有没有印象?书里描写的他,手持三股钢叉,呼出一口气,就见一阵黄风从半天刮起,一时间黄沙腾起,天地变色,用书上原话就是"仙山洞府黑攸攸,海岛蓬莱昏暗暗"。连大闹天宫、十万天兵天将都挡不住的孙悟空孙大圣也被他弄迷了两只火眼金睛,金箍棒也使不上力,败下了阵。《西游记》中这章的故事后来告诉我们,这个搞得孙悟空跑到老远的地方去买眼疼药的家伙是一只得道的黄毛貂。但是这番描写,怎么看都让人忍不住会联想到那个跟貂一点儿关系也没有的气象灾害——沙尘暴。

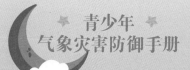
不是所有的沙尘天气都叫沙尘暴

　　这里要特别说明的是，沙尘暴是沙尘天气中的一类，并不是所有的沙尘天气都叫"沙尘暴"。想一想也能明白，都被称为"暴"了，能是空气中有点儿沙尘就算的吗？

　　沙尘天气是指当强风把地面上细小的尘粒卷入空中，导致空气变浑浊、能见度明显变差的天气现象。按照沙尘天气轻重程度的不同，可分为浮尘、扬沙、沙尘暴、强沙尘暴和特强沙尘暴五大类。

浮尘

当天气为无风或风速平均≤3.0米/秒时，沙尘浮游在空中，使水平能见度小于10千米的天气现象。

水平能见度在1~10千米

扬沙

风将地面沙粒和尘土吹起，使空气相当混浊，水平能见度在1~10千米的天气现象。

沙尘暴

强风将地面沙粒和尘土吹起,使空气很混浊,水平能见度小于1千米的天气现象。

强沙尘暴

大风将地面沙粒和尘土吹起,使空气非常混浊,水平能见度小于500米的天气现象。

特强沙尘暴

狂风将地面大量沙粒和尘土吹起,使空气特别混浊,水平能见度小于50米的天气现象。

看看这分类,连沙尘的"运输工具"——风的等级都不一样!遇到沙尘暴天气可得分外当心!

是什么助长了沙尘暴的形成

人们都说"一个好汉三个帮",其实沙尘暴这个坏家伙也需要3个"帮手"才能形成:有利的沙尘源分布、有利于产生大风或强风的天气形势和有利的空气不稳定条件。简单说就是:沙尘源、大风和干对流。

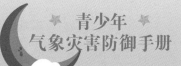
我们先说一下自然原因。

首先，沙尘源这个很好解释：想熬粥，有火有锅有水，就是没有米，那就是烧开水；没有丰富的沙尘源，再大的风也吹不出漫天黄沙。

其次，没有大风或强风，谁又能夹带那么多沙尘，并且把它们卷扬得那么高呢？因此说强风是沙尘暴产生的动力，一点儿也不为过。

最后，我们再来解释一下干对流。"对流"这个词，相信不少接触过气象知识的青少年朋友都挺熟悉。地球上的空气不是静止不动的，因为每个地方的空气温度并不一样，有的地方冷，有的地方热，热空气往上升，冷空气往下降，这样空气就循环流动起来，形成了对流。

形成沙尘暴的三个基本条件：
大风、沙尘源、干对流

冲啊！！！

悬浮运动

大风（动力条件）

跳跃运动

终于抵达城市了

表层蠕移

丰富的沙尘源（物质条件）　　　　垂直方向强烈的干对流（热力条件）

如果这样的对流含有很多水汽，那就叫"湿对流"，这种对流意味着它会带来降雨；与之相反的就是"干对流"，没有水汽。如果干对流垂直方向的活动很强烈，就像一把不停上翻的超级大铲子，会帮着把沙尘扬得更高。因此，干对流必然是形成沙尘暴的一个重要条件。

当然，沙尘天气的形成也要有必需的天气气候背景，那就是干旱少雨和气温偏高。

而沙尘天气形成的人为原因则是人类的无序开垦土地和放牧、过度砍伐林木，导致植被遭受破坏、土壤裸露，土地沙化迅速扩展。

天上的沙尘从哪儿来

我们刚刚说了"沙尘源"这个词，那么它们又在哪儿呢？影响我国的沙尘暴源地，可分为境内源区和境外源区。境外源区为蒙古国东南部戈壁荒漠区和哈萨克斯坦东南部荒漠区。境内源区为内蒙古东部的浑善达克沙地中西部、阿拉善盟中蒙边境地区（巴丹吉林沙漠）、新疆南疆的塔克拉玛干沙漠和北疆的古尔班通古特沙漠。

单从沙尘天气形成的自然原因我们就能理解，上述地方哪个不是容易产生强风、干旱少雨和气温偏高的地方呢？都是荒漠、沙漠地区啊。

卷裹着沙尘，让天地昏暗、风云变色的沙尘暴，我们知道了它们从哪儿来，那知不知道它们又最爱往哪里去呢？

就我们国家来说，受沙尘暴影响的地方多集中在北方。西北的东南部、华北的中南部和东部、东北的中西部及新疆、青海等省（自治区）的部分地区年平均沙尘暴日数在 3 天以下；准噶尔盆地、河西走廊、内蒙古北部等地的部分地区年平均沙尘暴日数是 3～10 天；南疆盆地、青海西南部、西藏西部、内蒙古中西部和甘肃中北部是沙尘暴的多发区，年平均沙尘暴日

数在 10 天以上，而南疆盆地和内蒙古西部两地的部分地区年平均沙尘暴日数则超过 20 天！

这里要说明一下的是，影响我国北方的沙尘暴主要发生在春

季。因为这个季节大部分地区降水少，空气和表土干燥，容易有气旋和大风天气，加上地面多裸露，因此容易发生沙尘暴。而进入夏季以后，降水逐渐增加，同时有植被覆盖，沙尘暴天气便很少出现了。

防御沙尘暴只能关窗户和戴纱巾吗

就像黄风怪让西天取经的唐僧师徒们头疼不已一样，沙尘暴作为我国西北地区和华北北部地区出现的强灾害性天气，也给当地的国民经济建设和人民生命财产安全造成了严重的损失和极大的危害。

导致水平能见度低：沙尘暴来临，首先影响我们的就是视线，周围的一切变得昏黄不明，让人看不清状况。这种天气更容易出现陆上交通事故，飞机也无法正常起飞或降落，严重影响交通安全。

风沙太大，什么都看不清！

导致土壤风蚀：狂躁的大风会将表层的土壤刮走，严重破坏农田和草场的土地生产力。每次沙尘暴的沙尘源区和影响区都会受到不同程度的风蚀危害，风蚀深度可达 1 ～ 10 厘米。

导致建筑物、公用设施、铁路等被摧毁掩埋：强风裹挟大量细沙粉尘来袭，严重的会造成房屋倒塌、人畜伤亡，对交通运输也会造成严重影响。

导致大气污染：在沙尘暴源地和影响区，大气中的可吸入颗粒物增加，大气污染加剧，威胁人类的健康。

在防御沙尘暴时，我们要及时关注气象部门发布的沙尘暴预警信号。

沙尘暴黄色预警信号

标准：12小时内可能出现沙尘暴天气（能见度小于1000米），或者已经出现沙尘暴天气并可能持续。

沙尘暴橙色预警信号

标准：6小时内可能出现强沙尘暴天气（能见度小于500米），或者已经出现强沙尘暴天气并可能持续。

沙尘暴红色预警信号

标准：2小时内可能出现特强沙尘暴天气（能见度小于50米），或者已经出现特强沙尘暴天气并可能持续。

那么当沙尘暴来了，作为个人，我们怎么防御它的伤害呢？

提前妥善安置易受沙尘暴损坏的室外物品；及时关闭门窗，必要时可用胶条对门窗进行密封。

外出时要戴口罩，用纱巾蒙住头，必要的时候最好戴上护目镜，让沙尘伤害不到我们的眼睛和呼吸道。

同时应特别注意交通安全。提醒亲朋好友如果在沙尘暴天气开车或者骑车出门，一定要减速慢行，密切注意路况，谨慎驾驶。当然，同学们骑车上下学也要一定要注意这些。

上面说的都是被动防御措施，真要对付沙尘暴还需治本！

首先当然是要加强环境保护，强化防止沙尘暴的生物防护体系，依法保护和恢复林草植被，防止土地沙化进一步扩大，尽可能减少沙尘源地。没有了沙尘源地，就好比给沙尘暴"断了粮"。

其次，加强沙尘暴的发生、危害与人类活动关系的科普宣传，使人们认识到所生存的环境一旦被破坏就很难恢复，促使人们自觉保护自己的生存环境。也请朋友们对此多多进行科普宣传，为管好"黄风怪"尽一份自己的力量！

来点正能量

讨厌的沙尘其实也有那么一点点——好吧，是有那么几条好处的。

空气好清新！

没想到吧？污染空气的沙尘暴可以吸附有害物。沙尘在降落过程中可以吸附工业烟尘和汽车尾气中的氮氧化物、二氧化硫等物质。

沙尘还可以缓解酸雨。沙尘含有丰富的碱性阳离子，可以中和空气中形成酸雨的一些酸性物质。我国北方能够免受或少受酸雨之苦，它也算有一份"功劳"。

沙尘粒子可以充当凝结核，形成"冰核效应"，起到增加降水的作用。

一边破坏一边维护，有时候真不知道沙尘暴是怎么"想"的！它引起了土壤风蚀，但是又因为风携带的沙尘里还有土壤的养分，因此，经过之处还留下了不少满足植物生长的肥沃土壤。我国的黄淮海平原和美国夏威夷的沃土，还有亚马孙雨林的形成都有它的助力。

　　沙尘暴飞扬起来可不管哪儿是土地哪儿是江河湖海。风带着沙一路飘，经过海洋的时候也会留下自己的"印记"，为海洋生物提供了重要的营养来源。沙尘中蕴含的氮、磷等元素深受浮游植物喜爱，它们"吃"得开心、长得好，也就成为了小鱼小虾的美餐，也间接营养了大鱼大虾……

　　这么看，沙尘暴还真是个有点自我矛盾的灾害性天气啊……其实，沙尘暴作为地球上的一种自然现象，并不是孤立存在的，而是和其他许多自然现象密切联系在一起的，因此，展现给我们的并不都是有害的一面。我们在正视沙尘暴危害的同时，也一定要辩证地认识它，这才叫科学思维呀。

沙尘暴天气有对策，请扫二维码观看沙尘暴应急避险小贴士：

凶 不美丽的霜冻

　　如果评选最美天气现象，霜肯定能入围，古往今来描写它的诗词歌赋一抓一大把。我国最早的诗歌总集《诗经》里有它——"蒹葭苍苍，白露为霜"。到了秋天，草上有它——"霜草苍苍虫切切"，叶子上也有它——"霜叶红于二月花"，连看到月光都能联想起它——"床前明月光，疑是地上霜"。假如秋天没有霜，那会少了多少诗意啊……

霜花虽好，霜冻却有害

霜是指近地面空气中水汽直接凝华在温度低于0℃的地面上或近地面物体上而形成的白色冰晶，跟雪花不一样。

霜通常出现在无云、静风或微风的夜晚和清晨。当夜间地面温度低于0℃，并且具备适量的水汽、晴朗的天气、无风或微风这3个条件时，霜可能就悄悄出现啦。

水汽是成霜的关键，一定要适量：如果空气湿度过大，水汽凝华时放出的热量将使周围温度升高，从而影响水汽凝华；如果水汽过少，大气中的水汽达不到饱和，当然也无法成霜。

云层稀薄的晴朗天气有利于地面或地面物体热量散发，而无风或微风的天气，减少了空气的

上下对流，有利于地面的充分冷却，这是成霜的重要天气条件。

但是，如果给充满诗意的霜加上一个"冻"字，它就变得不招人喜欢了。

霜冻与霜有着根本的区别。霜冻是生长季节里因气温降到0℃以下而使植物受害的一种农业气象灾害，多出现在春秋转换季节。出现霜冻时，往往伴有霜，也可不伴有霜，不伴有霜的霜冻被称为"黑霜"或"杀霜"。光听这名字，就能感受到它对农作物的伤害有多大了。其实，霜本身对农作物并无直接影响，但结霜时的低温却会引起农作物冻害。一字之差，谬以千里啊……

霜冻常发生在什么时候

霜冻按发生的时间算，分为初霜冻和终霜冻。

由温暖季节向寒冷季节过渡时期发生的第一次霜冻，叫初霜冻。因为发生在有霜冻危害的早期，也叫早霜冻。初霜冻如果发生在冬季，会危害越冬作物和常绿果树。

由寒冷季节向温暖季节过渡时期发生的最后一次霜冻，叫终霜冻。因为发生在有霜冻危害的晚期，也叫晚霜冻。如果终霜冻发生在春季的话，会危害春播作物的幼苗、越冬后返青的作物和开花的果树。

一般秋季初霜冻发生的时间越早、春季终霜冻出现的时间越晚，对作物的影响越大，造成的损失越重。以秋季初霜冻为例，在同样的低温条件下，霜冻发生的时间越早，秋粮作物遭受的损失越大，而如果作物基本成熟时遭遇霜冻，损失会较小。

让我们来看看具体到各地霜冻出现的大概时间和具体影响的农作物吧！

霜冻是我国主要农业气象灾害之一，它的影响范围十分广泛。我国北方地区气温偏低，热量条件不足，遭受霜冻危害的概率更大，如黑龙江、吉林、内蒙古东部、辽宁西部、山西北部山区和河北北部山区经常受到霜冻的危害。我国西部地区的陕北、

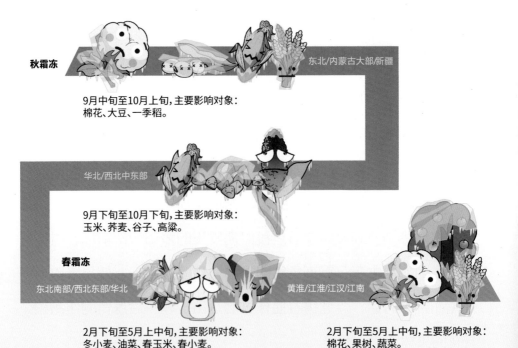

秋霜冻

东北/内蒙古大部/新疆

9月中旬至10月上旬，主要影响对象：
棉花、大豆、一季稻。

华北/西北中东部

9月下旬至10月下旬，主要影响对象：
玉米、荞麦、谷子、高粱。

春霜冻

东北南部/西北东部/华北

2月下旬至5月上中旬，主要影响对象：
冬小麦、油菜、春玉米、春小麦。

黄淮/江淮/江汉/江南

2月下旬至5月上中旬，主要影响对象：
棉花、果树、蔬菜。

甘肃、宁夏、新疆与青海等地区霜冻危害也比较严重。黄淮平原、关中平原和晋南地区经常发生春季霜冻害。长江中下游地区发生的霜冻主要危害经济作物。南岭以南地区，冬季仍有许多喜温作物和常绿果树生长，因此，经常发生冬季的霜冻灾害。

霜冻对植物的伤害有多重

根据日最低气温下降的幅度和植物遭到的冻害及减产的程度，气象部门把霜冻害分为三级：轻霜冻、中霜冻和重霜冻。

轻霜冻的情况下，气温下降比较明显，日最低气温比较低；植株的顶部、叶尖或者少部分叶片受冻，但是部分受冻部位可以恢复；受害株率小于30%；粮食作物减产幅度在5%以内。

中霜冻的情况下，气温下降很明显，日最低气温很低；植株上半部分叶片大部分受冻，而且不能恢复；幼苗部分被冻死；受害株率在30%～70%；粮食作物减产幅度在5%～15%。

重霜冻的情况下，气温下降特别明显，日最低气温特别低；植株冠层大部分叶片受冻死亡或者作物幼苗大部分被冻死；受害株率大于70%；粮食作物减产幅度在15%以上。严重的霜冻害甚至会导致作物绝收。

对付霜冻有一套

我们聪明的祖先在生产实践中通过观测天气、物候和地温变化总结了不少霜冻的预报经验，形成谚语传承下来，例如"立秋冷，霜来早""后夏暖，秋霜晚""寒夜风云少，霜冻快来了""春秋吹北风，日头火样红，日落红霞现，风停霜必浓"等。

随着气象科技的飞速发展，我们已经能够预报霜冻了。各级气象部门一般可以提前3～5天发布较准确的霜冻预报，提前2～3天发布霜冻预警信号，提醒有关部门和农民朋友提前做好相应防御工作。让我们来认识一下霜冻预警信号吧！

霜冻蓝色预警信号

标准:48小时内地面最低温度将要下降到0 ℃以下,对农业将产生影响,或者已经降到0 ℃以下,对农业已经产生影响,并可能持续。

霜冻黄色预警信号

标准:24小时内地面最低温度将要下降到-3 ℃以下,对农业将产生严重影响,或者已经降到-3 ℃以下,对农业已经产生严重影响,并可能持续。

霜冻橙色预警信号

标准:24小时内地面最低温度将要下降到-5 ℃以下,对农业将产生严重影响,或者已经降到-5 ℃以下,对农业已经产生严重影响,并可能持续。

　　农业上防御霜冻灾害,目前常采用烟熏、覆盖、灌溉等方法,以及喷洒促早熟农药,使作物早熟以避开早霜冻的危害。因为防御霜冻灾害的本质是提高作物自身与周围环境的温度,所以这些方法都比较有效。

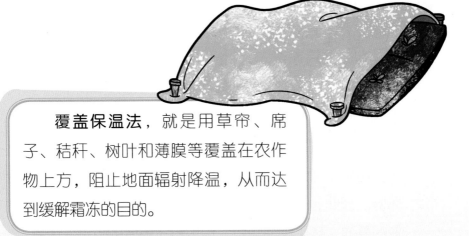

　　覆盖保温法,就是用草帘、席子、秸秆、树叶和薄膜等覆盖在农作物上方,阻止地面辐射降温,从而达到缓解霜冻的目的。

灌溉喷雾法，是利用水凝结释放潜热的物理属性，在霜冻来临前，对农田进行灌溉，达到缓解降温和保护作物的目的。

　　烟熏防霜冻法，是针对种植面积较大的作物常用的预防霜冻措施。霜冻将要发生前，在农田上风一侧点燃柴草或作物秸秆等，生烟发热，在近地面层形成一层烟雾，可以提高农田近地层的气温。烟熏法虽然简便易行、效果好，但是不可忽视的是这种方法不仅浪费柴草，而且污染环境。因此，人们开始利用化学方法制造不同类型的防霜冻烟幕弹，替代燃烧柴草，也取得了较好的防霜冻效果。

来点正能量

霜冻虽然并不美好，但是霜还是很有可爱之处的。

这里咱们就不说漫山红叶带来震撼的视觉效果了，只讲一下让吃货们都感兴趣的味觉体验。早在 2000 多年前，我国西汉的劳动人民就发现经霜的萝卜少了涩味，口感变得更加脆甜；1700 多年前，西晋著名的文学家陆机也说"蔬菜苦菜生山田及泽中，得霜甜脆而美"。这是因为霜的"降温模式"让瓜果蔬菜启动了"自保功能"——低温使得蔬菜将自身含有的淀粉类物质转化为糖分，从而尽力保证自身的细胞液不被冻坏，因此，我们品尝起来自然觉得"苦尽甘来"、美味加倍。但是，也不是所有的蔬菜都"禁得起考验"，大白菜、小油菜、红菜薹等十字花科的蔬菜经霜更美味，但是西红柿、辣椒、豆角、黄瓜等抗寒性差的蔬菜就会被折腾得皱皮发蔫，不好保存，也不太好吃了。

霜冻有害需防范，请扫二维码观看霜冻应急避险小贴士：

三 朦胧的雾

在我国有很多带"雾"的地名。河北、安徽、广东、贵州等地都有"云雾山"，四川大邑县有座"雾中山"，湖北有个小镇叫"雾渡河"。因为雾气缭绕而久负盛名的地方也多不胜数：重庆是著名的"雾都"，湖南的"雾漫小东江"被称为仙境，山东半岛成山头的海雾如梦似幻，庐山云雾更是天下闻名。看到柔柔的雾弥漫在中华锦绣山川之上，就不难理解为什么只有我们的先辈画师能创作出《富春山居图》《千里江山图》那样意境悠远的作品了。

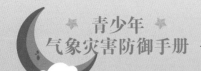
大地的"面纱"从哪儿来

雾就像大地的面纱，但这"面纱"到底是怎么形成的，你知道吗？

没有一种合适的语言能够形容雾的颜色，如果非要用个形容词，那就是"乳白色"吧。雾是由大量悬浮在近地面空气中的微小水滴或冰晶组成的水汽凝结物，是一种能使地面水平能见度下降到1千米以下的天气现象。

雾和云都是由于温度下降而造成的，雾实际上也可以说是靠近地面的云。当空气容纳的水汽达到最大限度时，就达到了饱和。气温越高，空气中所能容纳的水汽越多。如果近地面空气中所含的水汽多于一定温度条件下的饱和水汽量，多余的水汽就会凝结出来，当足够多的水分子与空气中微小的灰尘颗粒结合在一起，同时水分子本身也相互黏结，就变成小水滴或冰晶，雾就形成了。

但和一年四季都能看到的云不同，秋冬季的清晨，雾出现得最多。那是因为地球白天气温比较高，空气中可容纳较多的水汽。随着夜晚降临，由于夜长，而且出现无云风小的时候相对较多，地面散热比夏天更迅速，以致地面温度急剧下降。空气容纳水汽的能力也减小了，一部分水汽就会凝结成雾，弥漫开来。

各种各样的雾

如果你认为雾只有一种，那可就错啦！雾大致分为4种：辐射雾、平流雾、上坡雾和蒸发雾。

辐射雾，是指由于夜间地表面的辐射冷却而形成的雾，多出现于晴朗、无风或微风、近地面水汽比较充沛且比较稳定或有逆温存在的夜间和早晨。

平流雾，是指暖湿空气平流到较冷的下垫面上，因下部冷却而形成的雾。平流雾和空气的水平流动是分不开的，只有持续有风，雾才会持续长久。如果风停下来，暖湿空气来源中断，雾很快就会消散。

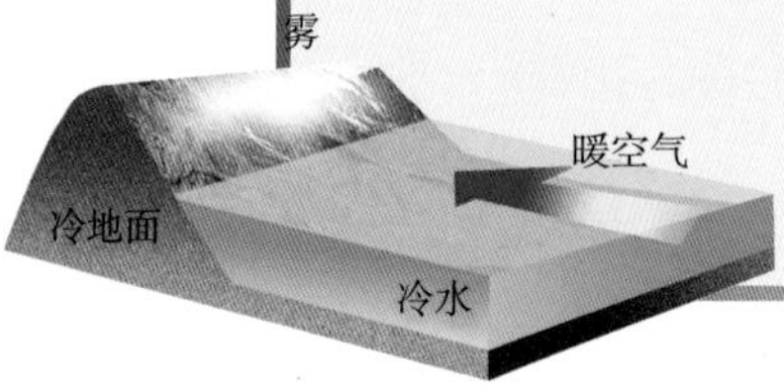

雾
冷地面
暖空气
冷水

上坡雾，是指湿润空气流动过程中沿着山坡上升时，因绝热膨胀冷却而形成的雾。所谓绝热膨胀，是指与外界没有热量交换的膨胀过程。上坡雾多见于山中。

雾
湿空气

蒸发雾，是指冷空气流经温暖水面，如果气温与水温相差很大，则因水面蒸发的大量水汽在冷空气中发生凝结而形成的雾。

冷空气
水汽蒸发
温暖水面

雾可没有看上去那么美

其实在我国农耕时代，雾对人们的日常生活可以说并没有什么太大的影响，反而因为它自带神秘气息，让文人墨客不吝赞美。但是，到了飞速发展的现代社会，朦胧的雾却对人们产生了越来越多的不利影响与危害。

当今社会，雾已经成为对人类交通活动影响最大的天气之一。因为它的出现会使能见度降低，对高速公路车辆行驶和机场飞机起降的影响尤其大。大雾天气常常导致许多地方高速公路封闭和机场航班延误。

在有雾的天气里，空气中的水汽会与污染物结合，变得不易扩散与沉降，这使得污染物大部分聚集在人们经常活动的高度。因此，雾天的空气污染比平时要严重不少，而且组成雾核的颗粒很容易被人吸入并在体内滞留，损害健康。

雾很浓的时候，由于空气湿度大，容易引起"雾闪"。雾闪也称"污闪"，是指浓雾使绝缘体表面附着的污物在潮湿条件下形成一层导电膜，使绝缘子的绝缘水平大大降低，在电力场作用下出现的强烈放电现象。雾闪会引起电气设备、输电线路短路、跳闸等故障，造成电网断电，影响生产生活用电，造成严重的经济损失。

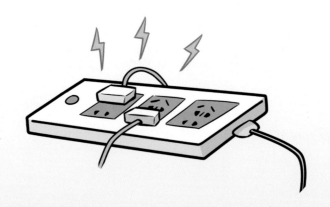

大雾还会影响微波及卫星通信，使其信号锐减、杂音增大，通信质量下降。

大雾天气要注意

雾气轻薄且空气清新的时候，我们自然可以尽情欣赏它的美，但是在大雾、浓雾的情况下就要特别注意了，一定要做好必要的防范，才能减少它带来的危害。

大雾的预警信号要记住，它能提醒我们早做相应防范！

大雾黄色预警信号

标准：12小时内可能出现能见度小于500米的雾，或者已经出现能见度小于500米、大于或等于200米的雾并将持续。

大雾橙色预警信号

标准：6小时内可能出现能见度小于200米的雾，或者已经出现能见度小于200米、大于或等于50米的雾并将持续。

大雾红色预警信号

标准：2小时内可能出现能见度小于50米的雾，或者已经出现能见度小于50米的雾并将持续。

大雾预警已收到，我们要注意什么呢？

首先，要尽量减少外出，必须外出时尽量戴口罩；不要进行室外活动，晨练也要暂停，并且避免在雾中长时间停留；穿越马路要看清来往车辆；遇轮渡等停航时不要拥挤在渡口。

其次，大雾天气如果驾车外出，要嘱咐司机打开前后雾灯，没有雾灯可开近光灯，但别开远光灯；要控制车速，与前车保持足够制动距离，慢速行驶，切忌开快车，勤按喇叭，警告行人和车辆；在雾中停车时，要紧靠路边，最好开到道路以外，打开雾灯，人不要坐在车里。

来点正能量

当然，古往今来，至少是在工业革命之前，雾还是被很多人喜爱的。因为在没有工业污染且交通工具落后的时代，它确实没什么缺点。即便是在当今社会，雾也有不少好处呢。

"云雾茶"了解一下！在海拔高于 800 米的高山上，自然生态条件优越，终年云雾缭绕，空气清新，气候温和，雨量充沛，土壤富含有机质，远离污染，非常适宜茶树生长。喝茶的好处应该不用说了吧？不知道的话，问问老师和爸妈，那绝对是一套一套的。

淡水资源短缺是当今世界许多国家面临的一大生存环境问题。有些偏远地区常年干旱少雨，生活必需的用水都无法保证。为了生存，当地居民想出各种方法来获取和保存淡水，比较常用的方法是积蓄雨水和雪水。在国外有些山区、沿海岸和海岛多雾的地区，也有人用收集雾水的方法来缓解水荒。目前，使用这种方法的国家越来越多。

还有一点就是雾可以制造美丽的景观——高山云雾是山岳风景的重要组成部分。

至于雾还有没有其他优点？青少年朋友可以发散思维多想想，互相多多交流！

大雾蒙蒙须谨慎，请扫二维码观看大雾应急避险小贴士：

∞ 看不清的霾

"霾"可不是个新词，虽然长辈们都说"少年不识愁滋味"，但是相信什么"明朗的心情顿时被一片阴霾笼罩"这样的小词小句一定也在日记本、朋友圈、作文、微博里出现过吧？

而且中国最早的文字甲骨文中就出现"霾"了，可见它一直伴随着我们。古代虽然没有工业污染形成的化合物，但是灰尘、烟尘等因刀耕火种造成生态破坏而形成的霾也不少，也被视为自然灾害的一种，史书上关于"霾"的记载一直都有，只不过古时候的霾的成分跟工业化之后的有所不同。

∞ 霾是雾的"亲戚"吗

雾和霾同样都是影响了视野、模糊了世界，只是一个是白乎乎、一个是灰扑扑，于是有人就在猜测，霾跟雾是不是有什么关系？霾难道是"披着狼皮"的雾？

那么，就让我们先来看看霾的定义，把它了解清楚吧！

霾是指大量极细微的干尘粒等均匀地悬在空中，使水平能见度小于10千米的空气普遍混浊现象。霾能使远处光亮物体微带黄、红色，使黑暗物体微带蓝色。

结合雾的那章，我们可以看出，雾和霾还是有很大不同的，它们是自然界的两种天气现象。

从粒子的直径大小上来看，雾是小水滴，它的直径相对较大，为5～100微米；而霾粒子的直径就相对要小一些，为0.001～10微米。

从外观上看，因为雾粒子的直径大，对可见光的散射没有太多的选择性，因此，雾基本上是呈乳白色的；而霾粒子直径小，对可见光的散射和吸收作用较强，这些粒子散射和吸收可见光时具有一定的波长选择性，因此，霾可能就会呈现蓝灰色、橙灰色、黄色等不同的颜色。

从雾、霾覆盖的空间范围来看，雾一般比较浅薄，主要是在近地面层中发生，边界比较明显；而霾相对比较深厚，可达1千米以上，并且分布比较均匀，从地面看没有明显的边界。

从持续时间和日变化上看，雾一般午夜至清晨最易出现，上午消散；而霾的日变化特征不明显，当大气较稳定时，可全天持续。

气象学上对它们的判断则更为严谨。当能见度小于10千米，排除了降水、沙尘暴、扬沙、浮尘等天气现象造成的视程障碍，空气相对湿度小于80%时，判识为霾；相对湿度大于95%时，判识为雾；相对湿度为80%～95%时，按照地面气象观测规范规定的描述或大气成分指标进一步判识。

∞　霾是个"杀手"

人们看到霾就觉得不舒服，这不仅仅是感官上的体验，更是一个事实——霾，就是个不折不扣的"坏家伙"。

霾不仅仅会像大雾一样使能见度降低，造成航班延误、取消，高速公路关闭，海、陆、空交通受阻，影响人们的行程，让事故多发，还是人类健康的"杀手"。

霾中含有数百种大气化学颗粒物质，有工业和交通运输燃烧的化石燃料以及煤、柴等燃烧产生的颗粒物，还包括矿物颗粒物、海盐、硫酸盐、硝酸盐、有机气溶胶粒子等。

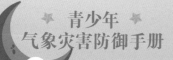
阴沉的霾天光线较弱及气压低，容易使人精神懒散，产生悲观失落情绪，长期如此，对身心健康极为不利。因此，形容心情不好的时候用"被一片阴霾笼罩"确实再合适不过，这是有科学依据的。

霾会影响和危害人们的身心健康和生活质量。霾中的微小颗粒能直接进入并黏附在人体呼吸道和肺叶中，尤其是更小的颗粒会分别附着在上、下呼吸道和肺泡中，引起鼻炎、急性上呼吸道感染、急性气管炎、支气管炎、肺炎、哮喘等多种疾病，长期处于这种环境还可能诱发肺癌。持续不散的霾易使空气中的传染性病菌活性增强，造成传染病增多，加重老年人循环系统的负担，可能诱发心绞痛、心肌梗死、心力衰竭等致命疾病。

霾遮挡了阳光中的紫外线，而适量的紫外线可以杀菌，并可帮助人体合成生长发育所需的维生素D。紫外线缺乏易使儿童体内促进吸收钙的维生素D生成不足，引起佝偻病、生长减慢等疾病。

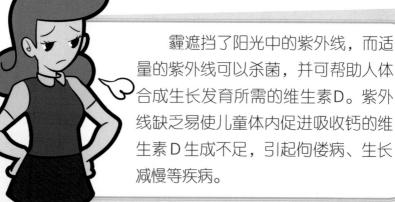

是谁促成了霾的出现

是谁培养了"杀手"霾，促成了它的出现？

霾的形成主要是空气中悬浮的大量干性微粒和气象条件共同作用的结果，当出现以下3种情况的时候，阴险的霾就会悄无声息地在我们周围出现……

水平方向静风现象增多。城市里高层建筑较多，阻挡和摩擦作用使风流经城区时明显减弱。静风现象增多，不利于大气中悬浮微粒的扩散稀释，容易在城区和近郊区周边积累。

垂直方向上出现逆温。逆温是指高空的气温比低空气温更高的现象。发生逆温的大气层叫"逆温层"，厚度可从几十米到几百米。逆温层形成后近地面层大气稳定，不容易上下翻滚而形成对流，空气中悬浮微粒难以向高空飘散而被阻滞在低空和近地面层，这样就会使低层特别是近地面层空气中的污染物和粉尘堆

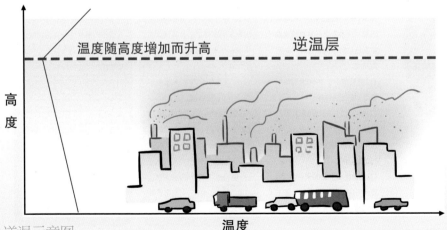

逆温示意图

积，增加大气低层和近地面层污染的程度。通俗地讲，逆温层就像一层厚厚的被子盖在了地面上空，使大气层低空的空气垂直运动受到限制，污染物不能向上扩散，向上"无路可走"就只能向下蔓延。

空气中悬浮颗粒物的增加。随着城市人口的增长和工业发展、机动车辆猛增，污染物排放和悬浮物大量增加。

∞ 怎样不让霾"靠近"

让我们来认识一下霾的预警信号，看清它们，提前做好准备，可以尽量减小霾对我们的伤害。

霾黄色预警信号

标准：预计未来24小时内可能出现下列条件之一并将持续或实况已达到下列条件之一并可能持续：

（1）能见度小于3000米且相对湿度小于80%的霾。

（2）能见度小于3000米且相对湿度大于等于80%，$PM_{2.5}$浓度大于115微克/米³且小于等于150微克/米³。

（3）能见度小于5000米，$PM_{2.5}$浓度大于150微克/米³且小于等于250微克/米³。

霾橙色预警信号

标准：预计未来24小时内可能出现下列条件之一并将持续或实况已达到下列条件之一并可能持续：

（1）能见度小于2000米且相对湿度小于80%的霾。

（2）能见度小于2000米且相对湿度大于等于80%，$PM_{2.5}$浓度大于150微克/米³且小于等于250微克/米³。

（3）能见度小于5000米，$PM_{2.5}$浓度大于250微克/米³且小于等于500微克/米³。

霾红色预警信号

标准：预计未来24小时内可能出现下列条件之一并将持续或实况已达到下列条件之一并可能持续：

（1）能见度小于1000米且相对湿度小于80%的霾。

（2）能见度小于1000米且相对湿度大于等于80%，$PM_{2.5}$浓度大于250微克/米³且小于等于500微克/米³。

（3）能见度小于5000米，$PM_{2.5}$浓度大于500微克/米³。

面对一无是处的霾，我们该怎么保护好自己呢？那就要居家、出行都注意！

有霾的天气，我们在室内应关闭门窗，使用空气净化器，改善室内空气质量，选择可以去除$PM_{2.5}$的多功能复合型空气净化器效果较好，等到霾消散之时再开窗换气。

霾天当然应该尽可能减少出门，这意思就是寒暑假、节假日和休息日要是赶上有霾的天气，能不出门就别出门了，还要取消晨练等户外运动。如果在必须出门的日子，最好戴上医用防护口罩再出去。N95、N90 等型号的专业防护口罩密封性强、孔径非常小，都对$PM_{2.5}$有很好的防护作用，而普通的棉纱口罩和流行的个性口罩、卡通口罩，对细小颗粒的过滤效果欠佳。外出归来应立即洗手、洗脸、漱口，清理鼻腔及清洗裸露的肌肤，别让霾"有机可乘"！

雾、霾不同要区分，请扫二维码观看雾、霾科普动画：

℃ 冷酷的寒潮

　　有个寒号鸟的故事让人印象深刻，讲的是寒号鸟不听勤劳喜鹊的劝告，一次又一次错过了筑窝过冬的准备时机，等到"寒冬腊月，大雪纷飞。北风像狮子一样狂吼，崖缝里冷得像冰窖"的时候，寒号鸟终于在"哆罗罗，哆罗罗"的哀嚎中冻死了。书上说，寒号鸟之所以冻死是因为他太懒惰了。这当然是一个很重要的原因，但是还有一个原因故事中没有说，那就是寒号鸟缺乏气象灾害的基本防御常识，否则怎么能不知道事先做好防范呢？它遇到的就是一次寒潮啊！

寒潮就是冷空气来了吗

寒潮是指极地或高纬度地区的强冷空气大规模地向中、低纬度侵袭，造成大范围急剧降温和偏北大风的天气过程，有时还会伴有雨、雪和冰冻灾害。你看看，寒号鸟遇到的是不是寒潮？

那么一听到天气预报里说有股冷空气怎样怎样，是不是就是寒潮来了呢？咱们先看看我国对冷空气等级的评判标准吧。

《冷空气等级》国家标准中规定：某一地区冷空气过境后，日最低气温 24 小时内下降 8 ℃及以上，或 48 小时内下降 10 ℃及以上，或 72 小时内下降 12 ℃及以上，并且日最低气温下降到

4 ℃或以下，48 小时、72 小时内降温的日最低气温应连续下降，可认为寒潮发生。可见，威力不够的冷空气，根本不配称为"寒潮"，并不是每一次冷空气南下都能叫寒潮来袭哦。

冷空气大军从哪儿来

每到冬季，总有寒潮率领着它的冷空气大军冲杀过来，自北向南影响我国。那股肃杀之气，让人就算裹得跟粽子似的也忍不住上牙磕下牙。冷得太厉害了就会不禁想：这是哪儿来的冷空气这么强大？

让我们先来看看中国的地理位置：我国位于欧亚大陆的东南部，北面是蒙古国和俄罗斯的西伯利亚。西伯利亚气候寒冷，其北面是极其严寒的北极。影响我国的冷空气主要就是来自这些地区。位于高纬度的北极和西伯利

亚地区，常年受太阳光的斜射，地面接收到的太阳辐射很少。在冬季，北冰洋地区气温经常在-20 ℃ 以下，最低时可达-70～-60 ℃ ，1月的平均气温常在-40 ℃ 以下。气温很低使得大气的

密度大大增加，空气不断下沉，使气压增高，这样便形成一个势力强大、深厚宽广的冷高压气团。当这个冷性高压势力增强到一定程度时，就会汹涌澎湃地向其东南方向气压相对低的我国境内袭来。这股来自极地和高寒地区的强冷空气在特定天气形势下沿着西风带和西北气流，向东南快速地、暴发式地侵入和移动，给沿途地区带来强降温、强风和强降雪，当达到一定标准时，即为寒潮。

每一次寒潮暴发后，西伯利亚的冷空气就要减少一部分，气压也随之降低。但经过一段时间后，冷空气又重新聚集堆积起来，孕育着新的寒潮的暴发。

因为其中95%的冷空气都要经过西伯利亚中部地区，并在那里积累加强，因此这一地区被称为寒潮关键区。

冷空气从寒潮关键区入侵我国的主要路径有3条：

西北路（中路）：冷空气从寒潮关键区经蒙古国到达我国河套附近南下，直达长江中下游及江南地区。

东路：冷空气从寒潮关键区经蒙古国到达我国华北北部，在冷空气主力继续东移的同时，低空的冷空气折向西南，经渤海侵入华北，再从黄河下游向南可达两湖盆地。

西路：冷空气从寒潮关键区经我国新疆、青海、西藏高原东侧南下，对我国西北、西南及江南各地区影响较大。

寒潮不会随便来

寒潮再厉害也不会一年四季到我国晃悠，它一般多发生在秋末、冬季、初春时节，特别是秋末冬初和冬末春初最为常见。

我国年寒潮频次分布总体来说北多南少。东北、华北西北部和西北、江南、华南的部分地区及内蒙古平均每年发生3次以上寒潮，其中北疆北部、内蒙古中北部、吉林大部、辽宁北部会达6次以上。从北边杀过来，对北方的影响多于南方，这也很好理解是不是？

只是降温？那你可小看寒潮了

一听到寒潮人们就会想到降温，这没错，可是一听到寒潮就只想到降温，那就错了！寒潮是一种大型天气过程，往往引发多种严重的气象灾害，对农牧业、交通、电力，甚至人们的健康都有比较大的影响。

对农业的影响：由于寒潮带来的降温可以达到 10 ℃甚至 20 ℃以上，通常超过农作物的耐寒能力，使农作物发生冻害。

对电力和通信设施的影响：寒潮引发的冻雨会使输电和通信线路上积满雨凇，输电和通信线路积冰后，遇冷收缩，加上风吹引起的震荡和雨凇重量的影响，线路会不胜重荷而被压断，几千米甚至几十千米的电线杆成排倾倒，造成输电、通信中断，严重影响当地的工农业生产和人民生活。

对公路、铁路及民航交通的影响： 寒潮带来的大风、雨雪和降温天气会造成低能见度、地表结冰和路面积雪等现象，对公路、铁路交通安全带来较大的威胁。寒潮所到之处，平均风速一般为 15 米/秒以上，并且持续时间较长。大风使起飞和着陆的飞机易发生轮胎破裂和起落架折断等事故。寒潮造成的低能见度、路面结冰和积雪也对飞机的起降有很大影响。

根本看不见嘛！地这么滑好危险！

对航运的影响： 寒潮大风到达海上时，由于海面摩擦力小，风力一般可达 7~8 级，阵风甚至达 11 级 或 12 级，海上的航运常常被迫停止，船只需进港避险。另外，寒潮大风可以制造海上风暴潮，形成数米高的巨浪，对海上船只有毁灭性的打击。

对人体健康的影响：大风降温天气容易引发感冒、气管炎、冠心病、肺心病、中风、哮喘、心绞痛等疾病，有时还会使患者的病情加重。

这么多问题，能不重视吗？因此，寒潮来袭前，气象部门都会提前预报，提醒大家及时采取防御措施，减轻和避免灾害损失，让我们在寒潮易发生的季节不打无准备之仗。

℃ 做好防御就不怕寒潮

寒潮到来之前，气象部门会发出预警，我们的政府会及时做好各项防御工作，采取有力应对措施。同时，新闻媒体、互联网络、手机短信等会迅速将天气变化过程及其有关消息和防御措施向社会发布，指导大家及时开展防御工作。各行各业也会行动起

寒潮蓝色预警信号

标准:48小时内最低气温将要下降8 ℃以上,最低气温小于等于4 ℃,陆地平均风力可达5级以上;或者已经下降8 ℃以上,最低气温小于等于4 ℃,平均风力达5级以上,并可能持续。

寒潮黄色预警信号

标准:24小时内最低气温将要下降10 ℃以上,最低气温小于等于4 ℃,陆地平均风力可达6级以上;或者已经下降10 ℃以上,最低气温小于等于4 ℃,平均风力达6级以上,并可能持续。

寒潮橙色预警信号

标准:24小时内最低气温将要下降12 ℃以上,最低气温小于等于0 ℃,陆地平均风力可达6级以上;或者已经下降12 ℃以上,最低气温小于等于0 ℃,平均风力达6级以上,并可能持续。

寒潮红色预警信号

标准:24小时内最低气温将要下降16 ℃以上,最低气温小于等于0 ℃,陆地平均风力可达6级以上;或者已经下降16 ℃以上,最低气温小于等于0 ℃,平均风力达6级以上,并可能持续。

来,最大限度地减少自身行业(农业生产、道路交通、电力输送等)的灾害损失。

那么作为个人,我们应该怎样防御寒潮侵害呢?

保暖：当气温骤降时，要注意添衣保暖，特别是要注意手、脸的保暖。

加固：关好门窗，紧固室外搭建物。

小心地滑
禁止通行

防滑：外出当心路滑跌倒。

防煤气：提防煤气中毒，尤其是采用煤炉取暖的家庭更要提防。

身子骨弱，不宜出门。

防病：老弱病人，特别是心血管疾病病人、哮喘病人等对气温变化敏感的人群尽量不要外出。记得要提醒爷爷奶奶、姥姥姥爷哦。

℃ 来点正能量

寒潮虽然有副冰冷的"面孔"，确实对没有准备的人很冷酷，但只要我们别像寒号鸟一样，而是事先做好充足准备，就会发现，寒潮并非那么"无情"。

寒潮之所以冷酷，主要是因为它携带大量的冷空气，挥舞着风刀雪剑，向中低纬地区倾泻，但恰恰也是因为这种"行为"使地面热量进行了大规模交换，非常有助于自然界的生态保持平衡，保持了物种的繁茂。

寒潮还是风调雨顺的保障。我国受季风影响，冬季干燥，为枯水期。但每当寒潮南侵时，常会带来大范围的雨雪天气，缓解冬季的旱情，使农作物受益。冷是冷了点儿，但是人家给水喝啊！

同时，寒潮带来的低温可以大量杀死潜伏在土壤中过冬的害虫和病菌，或抑制其滋生，减轻来年的病虫害。对待病虫害的这种"无情"，我们还是很欢迎的。

寒潮带来的大风也是一种无污染的宝贵动力资源，例如日本宫古岛风能发电站，寒潮期的发电效率是平时的 1.5 倍。清洁又便捷，还不费人工，想想都爽！

寒潮大军势头猛，请扫二维码观看寒潮应急避险小贴士：

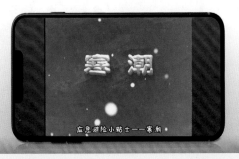

✳ 疯狂的暴雪

　　单从视觉感观的角度讲，没有雪的冬天肯定是不完美的。青少年朋友一定非常熟悉中国四大古典名著之一《红楼梦》。那里就有一章专门写了如诗如画的南方雪景。一夜北风紧，贾宝玉清晨醒来，"只见窗上光辉夺目"，还以为是晴天，结果往窗外一看，才发现地上的雪已经"下的将有一尺多厚，天上仍是搓棉扯絮一般"。出门只见雪掩青竹翠松，远处盛放的红梅"如胭脂一般"，映着雪色，自己"却如装在玻璃盆内一般"。试想想，如果没有白雪的映衬，这景象是不是少了很多意趣？南方如此，北方更是——冬天的北国万物凋零，要是没有白皑皑的雪点缀，欣赏一下"千树万树梨花开"，打个雪仗，堆个雪人，那这冬天岂不等于白过？可是，万一这雪下得没有了"节制"，那它可就撕掉了美好面纱而成为一位"暴君"了！

下雪也分级

降雪是由指大量白色不透明的冰晶（雪晶）和其聚合物（雪团）组成的降水。

这么一说好像不太有诗意，但却是对下雪这种现象最科学的描述。这些雪团、雪晶在微量降雪阶段经常会被质疑"这雪真的下了吗，我怎么没看见"？到了中雪、大雪阶段，往往让人很惬意——火锅安排上，吃完打雪仗！可是这种舒适感到了暴雪及以上的阶段就会慢慢降低了，最后甚至到了令人生畏的程度。

为什么呢？让我们看看：暴雪是指 24 小时降雪量（雪融化成水后在标准容器中）超过 10 毫米的降雪。

降雪等级	微量降雪（零星小雪）	小雪	中雪	大雪	暴雪	大暴雪	特大暴雪
12小时降水量（毫米）	<0.1	0.1~0.9	1.0~2.9	3.0~5.9	6.0~9.9	10.0~14.9	>15.0
24小时降水量（毫米）	<0.1	0.1~2.4	2.5~4.9	5.0~9.9	10.0~19.9	20.0~29.9	>30.0

降雪等级划分示意图

✳ "雪花大如席"就是暴雪吗

要说形容雪下得大，你能想到什么诗句？里边是不是有"燕山雪花大如席"？这是我国唐朝伟大的诗人李白《北风行》里的一句，形容一片雪花大得像一张席子。同样是李白先生，他还写过一句诗"地白风色寒，雪花大如手"。这句诗里的雪花虽然不像席子那么吓人，但是跟手掌一般大，也是很惊人了！当然，这是诗人的夸张写法。但是，雪有时候是小小地一点点飘下来，有时候是大片大片地纷纷扬扬落下，那么是不是前者就是小雪，后者就是暴雪呢？

当然不是，我们要科学地观测雪，可不能只凭眼睛哦。

气象科学中对降雪的观测包括降雪量、积雪深度和雪压。天气预报中也会用到这些术语，以表示雪到底下得有多大。

首先，说说降雪量。下雪的天气里，气象观测人员会用一种标准容器采集12小时或24小时内的降雪，采集到的雪融化成水后，进行测量得到的数值，就是此次降雪的降雪量，这个量是以"毫米"为单位的。

12小时或24小时内

接下来，我们再说说积雪深度。雪飘飘洒洒从天而降，有时候会薄薄地在地上铺一层，有时候则非常厚，被形容成"大地铺上了厚厚的白毯"，这就是文学化的积雪深度。科学上的表述应该是：积雪深度以"厘米"为单位，是指积雪表面到地面的垂直深度。

时间   积雪深度

最后，来讲讲雪压。雪压的单位是"千克/米^2"，是指单位水平面上积雪的质量。这还引发过南方雪、北方雪谁的"雪压"高的争论，其结论如下：雪的质量除了与雪本身的密度有关外，还与它的含水量多少有密切关系。因此，通常情况下，南方和北方的雪压确实有所不同。

北方　　降水 1 毫米　　**南方**

雪深 8~10 毫米　　　　雪深 6~8 毫米

水的密度是 1000 千克 / 米^3，即 1 立方米的水重 1000 千克

1 平方米面积上 8 ~ 10 毫米的降雪厚度融化成水相当于降水 1 毫米。因此，1 平方米面积上 8 ~ 10 毫米的积雪就重 1 千克。

1 平方米面积上 6 ~ 8 毫米的降雪厚度融化成水相当于降水 1 毫米。因此，1 平方米面积上 6 ~ 8 毫米的积雪就重 1 千克。

对比

同样厚度的雪，南方含水量较高的雪较北方的雪要重。另一方面，湿雪的黏性也要大一些，更易吸附在树枝、电线上，造成树枝折断、电线断裂或电线杆被拉倒，从而造成灾害发生。因此，南方雪湿、雪重，对建筑物、植物等产生的影响就会更大一些，更易造成建筑物倒塌和树木折倒。

✳ 柔柔的雪花也致灾

我们古代著名的儒家学派创始人孔子说"过犹不及",意思是,凡事做过了头和做得不够一样,都不好。这句话放在下雪这样的自然现象中也一样。别看雪花显得轻柔而浪漫,如果下过了头,酿成了"雪灾",那真是很可怕的。

常见的雪灾主要有4种:积雪、吹雪、雪暴和雪崩。听起来真的是一个比一个更"凶狠"啊。

积雪,算是这4种里比较常见的一种雪灾。白雪纷飞,给万物盖上了厚"被子",但是我们知道雪有雪压,也就说它是有质量的,这"被子"要是太厚了,重到一定程度,就会压垮蔬菜大棚、房屋等,不但会让农作物以及居住在那些房屋中的人们受灾,连同树木、通信和输电线路都会被压断。积雪还会掩埋道路,致使公路、铁路交通中断。在牧区,如果草场的积雪超过20厘米,羊群的觅食就会出现困难;如果积雪超过30厘米,那么牛群也吃不到草了。

吹雪，狂暴的大风卷裹着雪粒漫天翻卷，就像白毛巨兽在近地面疯狂地飞窜流动，所以这种雪灾又有个形象的名字叫"白毛风"。吹雪具有较大的危害性。刮"白毛风"时，能见度非常低，会使行人迷失方向，交通中断；牧区不但草场被掩埋，畜群也会被吹散或者死伤。吹雪对冬季的道路交通影响巨大，并有可能对生命财产和社会生活造成灾难性的后果。

雪暴，也就是"暴风雪"。吹雪的时候，水平能见度小于10千米，还算是能够判断出当时是不是还在下雪，而雪暴则是大量的雪被强风卷着狂飞乱舞，水平能见度小于1千米，因此，连当时是不是有降雪都没法判定。风大雪急，让人睁不开眼睛、辨不清方向，严重的雪暴甚至拔起大树、刮断电线杆，把人畜吹倒卷走。

雪崩，产生的原因主要是山坡积雪的稳定性遭到破坏，由于积雪重力不平衡，引起大量雪体崩塌滑落。此外，气温变化也是使积雪稳定性减弱的原因之一。温度降低时，雪层表面体积收缩而形成裂缝。因此，春季气温回升，积雪层滑动断裂，易发生雪崩。雪崩往往突然发生、运动速度很快，所以破坏力也非常大。雪崩速度极大时可达到97米/秒，比台风还快（一般台风底层中心附近最大平均风速为32.7~41.4米/秒）！雪崩能摧毁大片森林，掩埋房舍、交通线路、通信设施和车辆，甚至能堵截河流，导致临时性涨水。同时，它还会引起山体滑坡、山崩和泥石流等可怕的灾害，因此是积雪山区的一种严重自然灾害。

这样做就是科学防雪灾

暴雪将至，不要怕，我们会根据气象部门的暴雪预警来进行有效应对！

暴雪蓝色预警信号

标准:12小时内降雪量将达4毫米以上,或者已达4毫米以上且降雪持续,可能对交通或者农牧业有影响。

暴雪黄色预警信号

标准:12小时内降雪量将达6毫米以上,或者已达6毫米以上且降雪持续,可能对交通或者农牧业有影响。

暴雪橙色预警信号

标准:6小时内降雪量将达10毫米以上,或者已达10毫米以上且降雪持续,可能或者已经对交通或者农牧业有较大影响。

暴雪红色预警信号

标准:6小时内降雪量将达15毫米以上,或者已达15毫米以上且降雪持续,可能或者已经对交通或者农牧业有较大影响。

防范雪灾，不同的地方有不同的办法。

在城市里，人们会及时播撒路面融雪剂，在高速公路和城市市区及时清除路面积雪，尽量保持交通畅通；交通部门也会根据气象预警和风雪的情况，必要时关闭公路、铁路和航运交通，确保安全运营。

在牧区，人们会提前建好草料库，把牲畜所需的"食物"提前备好；平时注意维护养殖场所的大棚圈舍，在下雪前进行加固，下雪后及时清除积雪。

农业方面，人们会采取有效的防冻措施，抵御低温对越冬作物的侵害；不管对大棚蔬菜还是在田里的蔬菜都要加强管理，雪后及时清除蔬菜大棚上的积雪，并及时做好降湿排涝工作。

那么，对于我们青少年朋友来说，暴雪天气里怎样好好保护自己呢？

首先，下雪天要及时关注天气预报，如果要出行的话，务必提前了解机场、高速公路、轮渡码头是否封闭的消息。

危险！

前边说雪是有质量的，而且并不轻，那么风雪天气就不要在屋檐、广告牌和大树下行走，也不要靠近不结实的建筑物。

暴雪来临，还要提醒亲朋好友不要驾车出行，以免发生危险。最后就是下雪后，要响应社区和学校的号召，尽自己的力量帮助清除积雪，为大家的出行安全做一份贡献——平安你我他，安全靠大家！

雪太厚了，不要出门！

✳ 来点正能量

　　"忽如一夜春风来，千树万树梨花开。" "白雪却嫌春色晚，故穿庭树作飞花。" "北国风光，千里冰封，万里雪飘，长城内外，惟余莽莽；大河上下，顿失滔滔。山舞银蛇，原驰蜡象，欲与天公试比高。" 读着这些令人齿颊留香、思绪万千的诗句，雪的好处还用说吗？

何况还有一句著名的农谚：瑞雪兆丰年。这句话的意思是，适时的冬雪预示着来年是丰收之年。这是因为雪花之间有很多孔隙，孔隙中的空气可以使地面温度不至于降得太低，为土壤保温，这跟棉花保温的性质差不多。而当雪融化的时候，却要从土壤中吸收很多热量，温度一下子降低很多，冻死很多害虫。并且，融化的雪水中含有大量氮化物，既帮助增加了土壤的湿度，防止春旱的发生，还悄悄为土壤增加了肥料。等到春天农作物播种的时候，害虫少了，水分足了，养料还不少，小小的种子和嫩芽别提多开心了！

　　除了对农业展现了友好的一面，雪还是个"环保卫士"，雪花可以有效吸附空气中的颗粒物，是天然的"空气净化剂"，所以雪后空气格外清新。

暴雪纷纷咋应对，请扫二维码观看暴雪应急避险小贴士：

滑溜溜的道路结冰

　　对于北方的小朋友，在寒冷的冬日里除了打雪仗，还有一个乐趣就是滑冰。公园的小湖结上了厚厚的冰，允许上去玩儿了，孩子们蹬上小冰鞋或者租个小冰车，在光溜溜的冰面上尽情嬉戏，享受"贴地飞行"的快乐，多美好的时光啊！但是这冰如果结在道路上，弄得道路"贴"上了一层滑溜溜的冰壳，可就一点儿都不好玩儿了……

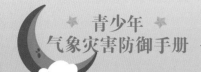
道路怎么会穿上"冰甲"

好好的道路怎么会突然穿上了"冰甲"呢？我们都知道，液态水在０℃以下就会结冰，道路结冰也是这个道理。当降水（如雨、雪、冻雨或雾滴）碰到温度低于０℃的地面时，就会出现积雪或结冰现象。道路上结的冰，通常包括被冻结的残雪、坑洼凸凹的冰辙、雪融水或其他原因的道路积水在寒冷季节形成的坚硬冰层。

道路结冰一般会发生在两种情况下：一种是下雪时，雪花立即冻结在路面上，从而形成道路结冰；另一种则发生在积雪融化后，俗话说"下雪不冷，化雪冷"，雪在融化过程中需要从大地和空气中吸收更多的热量，因此，导致气温降低，这时候融化的雪水就会在路面上结冰。

只有冬天才会出现道路结冰吗

道路结冰一般会发生在下雪或者融雪的时候，那是不是只有下雪的时候才会出现道路结冰呢？如果是这样，我们只要冬天注意就好了嘛！

如果这样想，那你可就掉以轻心了。每年容易发生道路结冰的时间是从当年11月到下一年4月（即冬季和早春）。这个时候在我国北方地区，尤其是东北地区和内蒙古北部地区，常常出现道路结冰现象，因为上述地区这个时候气温经常在０℃以下。而我国南方地区，降雪一般为"湿雪"，往往是０～４℃的混合态水，落地就是冰水浆糊状，一到夜间，气温下降，就会凝固成大片冰块。如果当地冬季最低温度低于０℃，那出现道路结冰现象也不奇怪。再加上可能出现的冻雨、寒冷的雾等，也会引发道路结冰。如果气温一直不回升到足以使冰层解冻的温度，那么道路结冰的情况就将一直持续下去。

　　所以道路结冰并不是某个季节的专属特征，这个要看气温和地温。只能说一般而言在寒冬腊月，当出现大范围强冷空气活动引起气温下降的寒潮天气时，如果伴有雨雪，最容易发生道路结冰现象。

　　将要出现道路结冰，气象部门会发布相应的预警信号，让人们提早做出相应准备。尽量减少它对我们造成的影响和危害。

道路结冰黄色预警信号

标准:当路表温度低于0 ℃,出现降水,12小时内可能出现对交通有影响的道路结冰。

道路结冰橙色预警信号

标准:当路表温度低于0 ℃,出现降水,6小时内可能出现对交通有较大影响的道路结冰。

道路结冰红色预警信号

标准:当路表温度低于0 ℃,出现降水,2小时内可能出现或者已经出现对交通有很大影响的道路结冰。

道路结冰时上班上学的正确"姿势"

　　相较于别的气象灾害,道路结冰造成的危害可以说是一目了然。首先,就是影响交通,路上一层冰壳,不管两个轮子的自行车还是四个轮子的汽车,包括很多轮子的火车,这个时候都会因为车轮与路面、铁轨之间的摩擦力大大减弱,而容易打滑,紧急情况下无法正常刹车,很容易造成交通事故。其次,就是对行人的安全造成危害。道路结冰的情况下,行人特别容易滑倒、摔伤,尤其是行动不便的老人,摔一下的后果是很严重的。

道路结冰的情况下，老人、幼儿、生病的人等肯定是能不出门就不出门，但是身体健康的大人们要上班，少年朋友们也要上学，这个时候怎么办呢？要采取怎样的措施，尽量减小道路结冰对我们造成的影响和伤害呢？

行人上路要防滑

　　这个时候咱就放弃自行车吧，别给摔伤和骨折创造机会了。

　　出门尽量穿双防滑鞋——对付道路结冰，还得借助专业的"装备"。

　　路上一定要注意远离或避让机动车和非机动车——上边说了，这个时候几个轮子的都打滑，司机也不一定能控制住，必须分外当心。

　　千万不要在有结冰的地上玩耍、奔跑，结冰的道路不是溜冰场，想要玩滑冰，一定要去专门的场所。

　　外出务必保暖，尤其是耳朵、手脚等容易冻伤的部位，尽量不要裸露在外，不然长冻疮可是挺受罪的。

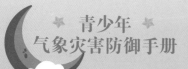
司机驾驶重安全

这时候要提醒开车出行的亲朋好友，一定要对车辆采取防滑措施（如装防滑链等），开车的时候要比平时更注意路况，加大行车间距，减速慢行，不要猛刹车或急转弯，一般情况下不要超车、加速，在有冰雪的弯道或者坡道上行驶时应提前减速，服从交通警察指挥疏导，谨慎驾驶。就像电影《流浪地球》里说的"道路千万条，安全第一条"啊！

滑倒摔伤怎么办

如果因为道路结冰而不慎摔倒受伤，该怎么办呢？首先，别慌，如果有出血现象，要先想办法用比较清洁的布类包扎伤口止血。如果是扭伤或者碰伤，要赶紧想办法去医院处理。如果伤者已经行动不便，一定不要随意挪动，因为没有专业救护知识随意

挪动的话，会对骨折伤者造成二次伤害，要立即拨打"120"，或与医院联系请求救护，同时注意为伤者保暖。

关于道路结冰的防御知识你记住了吗？如果都记得，那你就是安全出行的小标兵。来，奖励一朵大红花！

道路结冰防伤害，请扫二维码观看道路结冰应急避险小贴士：